【爱尔兰】卢克·奥尼尔
(LUKE O'NEILL) —— 著

丘梦晨 —— 译

让猴子敲出莎士比亚全集

从元素到人类未来的科学之旅

世界图书出版公司

北京·广州·上海·西安

图书在版编目（CIP）数据

让猴子敲出莎士比亚全集：从元素到人类未来的科学之旅 /（爱尔兰）卢克·奥尼尔著；丘
梦晨译.—北京：世界图书出版有限公司北京分公司，2020.9
书名原文：Humanology: A Scientist's Guide to Our Amazing Existence
ISBN 978-7-5192-7691-1

Ⅰ.①让… Ⅱ.①卢…②丘… Ⅲ.①生命科学－普及读物 Ⅳ.①Q1-0

中国版本图书馆CIP数据核字（2020）第141966号

书　　名	让猴子敲出莎士比亚全集：从元素到人类未来的科学之旅
	RANG HOUZI QIAOCHU SHASHIBIYA QUANJI:CONG YUANSU DAO RENLEI WEILAI DE KEXUE ZHI LÜ
著　　者	［爱尔兰］卢克·奥尼尔
译　　者	丘梦晨
责任编辑	王　鑫　董　亚
出版发行	世界图书出版有限公司北京分公司
地　　址	北京市东城区朝内大街137号
邮　　编	100010
电　　话	010-64038355（发行）　64037380（客服）　64033507（总编室）
网　　址	http://www.wpcbj.com.cn
邮　　箱	wpcbjst@vip.163.com
销　　售	各地新华书店
印　　刷	天津丰富彩艺印刷有限公司
开　　本	787 mm×1092 mm　1/16
印　　张	20
字　　数	358千字
版　　次	2020年9月第1版
印　　次	2020年9月第1次印刷
版权登记	01-2020-4401
国际书号	ISBN 978-7-5192-7691-1
定　　价	68.00元

如有质量或印装问题，请拨打售后服务电话010-82838515

目录

引言

艺术和科学常被视为两类不同的活动，这两个领域中的人自然也截然不同。在过去，搞艺术的常不修边幅，以一副冷酷的超然之态面世。但是，只要我们稍加琢磨就会发现，艺术家和科学家说到底是一路人。那么，为什么一个人会抓起画笔往纸上涂抹颜料呢？同样，为什么一个人会好奇我们大脑或免疫系统的内部活动呢？当然，首先，是因为它有趣！但更重要的是这些行为无不在尝试回答一个将艺术和科学联结起来的问题，那就是何以为人。

埃尔温·薛定谔（Erwin Schrödinger）跨过了艺术和科学这道鸿沟。因为在量子力学上的成就，他在 1933 年获得了诺贝尔物理学奖。同时，他又是一个诗人。1943 年 2 月，"二战"战火正盛，在都柏林一个寒冷的夜晚，薛定谔在圣三一学院发表了一篇题为《生命是什么》的公开演说，将世界带向了更美好的未来。他在那里做什么，又为何提出这样的问题呢？此次公开演讲，他是以都柏林高等研究所（Dublin Institute for Advanced Studies）教授的身份做的。当时的爱尔兰总理埃蒙·德·瓦勒拉（Éamon de Valera）极力劝说薛定谔，并说服他来到都柏林，事实上这也是爱尔兰自独立后的第一次科学研究投入。薛定谔好奇于生命的原理以及人类的本质（毕竟他自己就是人类的一分子），并能够用物理学家的思维来解读这个问题。在他做演讲的年代，我们对生命的认识还非常有限。例子之一便是，在他演讲之时，作为基因构成物质的 DNA（脱氧核糖核酸）还未被发现。而我们人类，和地球上我们已知的（科学家必须保持思想开放）其他所有生命一样，以 DNA 为关键原料。它是配方和原料的集合体。此次演讲的内容后来被结集成书，影响巨大，直接激励了许多科学家前往探索生命的科学之谜，尤其是沃森和克里克——他们是 DNA 双螺旋结构的共同发现者。这被普遍认为是 20 世纪最重要的科学发现，帮助解释了生命自身的原理——通过双螺旋的形式将信息传递给下一代。这在当时是一个震惊世界的发现，时至今日依然如是。

如今，我们对生命的认识已经向前迈进了一大步，再加上人们对自己所属物种所持的自恋，为人类是什么同样提供了更好的理解。薛定谔引燃了那根令火箭升空的导火索。迄今对生命的认识是科学家们呕心沥血的证明，在永不停息的好奇心的驱使下，他们对知识的探索不断取得令人振奋的进步。

在这本书里，我将会从生命的起源（那将发生在至少 42 亿年前）说起，告诉你们关于上述探索的一切：20 万年前，人类作为一个物种，是如何在非洲平原上进化的，足迹又何以遍布全球；我们如何觅得配偶；精子和卵子如何结合；异性恋或同性恋缘何而来；我们相信什么，又因何而信；是什么让我们成为一个有趣的物种（我们对幽默和音乐的热爱）；我们为什么睡觉，人体为何有大致 24 小时的节律；我们为何孜孜不倦地寻找着治病的新方法；我们是否会创造出超人类，以及已经制造出了哪些庞大的机器；我们如何以及为何会老去；我们如何死去，又如何让逃避死亡成为可能；作为物种的我们将如何走向最终的消亡（这是令人欣慰的，也是不可避免的）。我还会在本书中讲到，通过我们自己的发明——电脑运算、机器人和人工智能，科学发现的用时越来越短。这既为我们带来了好处，同时也留下了隐患。

　　我的目标就是向大家介绍伟大的科学是如何帮助我们认识生命、认识人类为何物的。这番探索集结了多少奉献于"大我"的个人、集体的研究和分析，这种求知欲将引领我们走向进化之顶峰。不管你是风雅之士，还是搞科研的书呆子，抑或二者兼而有之，都请拥抱你内心的科学之魂，与我一道踏上这趟激动人心的旅程，探索生命的起源，解答世间最大的谜题——人学。

第一章

拥抱生命的到来！生命是如何开始的

有人认为，人类起源于两个嬉皮士和一条会说话的蛇。

有人认为，人类起源于两个嬉皮士和一条会说话的蛇[1]。而另一些人认为，让世界焕发生机的是一颗巨大的宇宙之卵[2]或一条彩虹大蟒。这些传说中也许有真实的部分，而且至今仍有成千上万的人相信这些所谓的创世神话。但如果你认同科学，自然就认同世界上最古老的科学协会——艾萨克·牛顿和罗伯特·玻意耳等一众科学巨擘在 1660 年于伦敦创立的英国皇家学会的这句箴言，"Nullius in Verba"，也就是"勿随他人之言"，换句话说就是"亮出证据，不然就闭嘴"。在科学人士的聚会上，除非你说的话有数据支撑，否则大家不会认真倾听。那么科学会如何回答这个最自恋、最根本的问题——所有问题的基础：地球上的生命是如何开始的？

为了回答这个问题，我们需要倾尽科学之所有，从化学到生物，再到地理，甚至是天体物理。但我们还需要保持谦逊，因为要回答这个问题难如登天。它是一个巨大的谜团，而科学，归根结底就是为解谜而生的。现在的事实就是，关于世间万物，还有一大堆的未解之谜都在等待科学的探索。我们已经了解了万千事物的万千方面，但亟待解答的问题还有很多很多。

科学家们至今仍未确切地知道生命是如何开始的，至于无生命的事物，即岩石和矿物，是如何形成一个有生命的有机物的呢？一团黏土是怎么变成生命体的呢？更不要提上帝了，这个话题只能留待别的书去探讨了。但我们仍然取得了巨大进展，已经大致了解了生命是如何开始的，又是如何演变为如今的我们的。

1　指《圣经·旧约·创世记》中亚当、夏娃和蛇的故事。本书脚注均为译者注，下同。

2　指古希腊俄耳甫斯教神话中时间之神柯罗诺斯（Chronos）孕生的卵，这个卵后来生出了创世神。

科学家们通过对岩石进行细致的年代测定得知，地球大致形成于45.4亿年前，地球上最早的、有迹可循的生命出现在42.8亿年前。所以我们和出现在这个地球上最早的那个细胞——我们最重要的祖先——隔着一道时间的鸿沟。请试着想象一下这个时间。想象一下当1年过去时，我们做何感想。我们有办法感知10年时间的流逝，但1000年、10万年、100万年呢？42.8亿年又当如何？这样的时间跨度已经远超我们的理解力范畴。如果人类是在那个时候出现的（事实上不是），那么从那时起，地球上已经存在过55000代人了。这能帮助我们理解它到底有多久远。

自1000年起，人类共历经了15代。这大概就是为什么很多人更容易接受地球只有6000年左右的历史这个说法。

爱尔兰的一位主教——詹姆斯·厄谢尔（James Ussher）作为第一个尝试系统地测算地球年龄的人而备受赞赏。1650年，他到图书馆（过去，人们经常去图书馆读书），根据在那里能找到的经典——《圣经》，推算出上帝创世起于公元前4004年10月22日的18:00，结束于子夜。这效率着实高，这点时间大部分人也就勉强够用来吃个晚饭，再欣赏一下最新一季的《权力的游戏》。这个世界起源的时间被记载在英王詹姆斯一世的钦定本《圣经》（the King James Bible）上，且在19世纪前，一直被奉为真理，因为它是一个明智之人根据一本在世人心中只载录真言的书推断而来的。这在今天看来的确荒唐，但在1650年，鉴于他所拥有的资源和解决这个问题的方法短缺，这是一次有益的探索，毕竟当时科学尚未问世。

当有人第一次提出地球并不止几千年历史时，人们理所当然地感到困惑和担心。爱尔兰物理学家约翰·乔利（John Joly）是地质年龄测定的先驱。1899 年，他测算出地球的历史介于 8000 万到 1 亿年之间，其依据是海洋的咸度——他认为海洋中的盐是岩石被雨水以一定的速率分解后形成的。这仍然是一次合理的探索，很可能还在某些圈子里引起了恐慌。最终他通过一种被称为"辐射测量"的方法，将地球的起源追溯到了 45.67 亿年前。辐射测量会测定特定元素的放射性状态，这些元素包括含铀矿物中的铅、钙和铝。我们已知这些元素以特定的速率衰变，因此它们的衰变程度可以用来测定岩石的所属年代。所以我们虽然无法感知，但可以自信地断定地球形成于 45.67 亿年前。

我们还可以通过观察那个年代的岩石来判断，那时候地球还是一个荒凉无比的地方，生命在这里无法生存。大气中充满了如氰化氢这样的有毒的化学物质。我们要等上亿年才能迎来公认的有机生命体的出现。此间的数千万年，地球上没有一丝生机。它只是一个涌着气泡的巨大熔炉，各种化学物质在其中生成、分解、相互反应。然后，在机缘巧合之下，所有这些随机的化学反应，在主要来自海底热液喷口的热能的作用下，为我们带来了地球上最早的生命。不过，我们所看到的并不是真正的生物，而是一系列的管状结构，科学家们确信那是生物体存在的有力证明。它们是在加拿大魁北克省的岩石上被发现的。地球就像一个巨大的试管，里面充满了化学物质和气体，而海床就是在下面为其加热的"本生灯"。它里面还有以闪电形式出现的电火花。这些电闪雷鸣和地球内部的热量为"试管"中的水供应着能量，使其加热、沸腾，让各种化学物质相互碰撞并产生化学反应。

天地间雷鸣电闪，生命的确是在这种坏天气里产生的。我们迎来了第一个细胞。可是，第一个细胞是出现在加拿大还是澳大利亚？这个问题依旧悬而未决，后来因为出现了一种竞争性主张，称地球上最早的生命证据出现在西澳大利亚州的岩石当中，距今约 41 亿年。据其中一位参与该项研究的科学家马克·哈里森（Mark Harrison) 的描述，这个证据所呈现的形态是"黏糊糊的生命体遗骸"。这个科学领域亟待完善，也代表了科学的发展进程——发现证据，评估证据，最后得出结论。但总而言之，第一个细胞的祖籍很可能不在美国（谢天谢地），而在加拿大（加拿大人会爱死这个结论的）或澳大利亚。

"我从哪里来?"

　　无论如何，一切都不一样了。如果你想要回到过去看到它，那么需要一台显微镜。实际上在今天我们会将其称为"细菌"。那是一个单细胞生物，和我们根本不是一回事，因为人体有各种不同的细胞，它们通力协作，构成了我们的身体。显微镜下的人体细胞和单个细菌大相径庭，细菌看上去其实无趣得很。但在40亿年前，无趣是件好事。它吸足营养，大量繁殖，通过分裂创造出了小细菌。这就是"我们"的发端。一生万物。当时应响起喧天的号角，又或许会出现莎士比亚笔下威尔士巫师葛兰道厄降生时的那番情景，"天空中充满了一团团的火……大地庞大的基座就像懦夫似的战栗起来。……山羊从山上逃了下来"[3]。但第一个细胞诞生时，不会有从山上逃下来的山羊，因为当时还没有山羊（很可能也没有高山）。

　　细胞被定义为生命的基本单位，因为所有生命体都是由细胞组成的；它也被描述为一个包裹，里面装着能自我复制的化学物质。所以"生命起源"的问题又变成了：第一个细胞是如何产生的？我们需要先有一个极小的"包裹"，且包裹里需有一个能自我复制的分子，以制造出更多的包裹。所以地球上最初的那个包裹到底是如何产生的呢？

　　关于这个问题的答案，我们并不完全确知，但我们知道它必定属于化学领域，且定然遵循物理定律。于是，化学和物理的结合为我们带来了生物。当时的环境中必然有各种化学物质，它们相互反应，从而生成更复杂的化学物质，并进一步生成

3　出自威廉·莎士比亚创作的戏剧《亨利四世》。

了第一个细胞，这便是一个由各类生化物质组成被我们称为细胞的"包裹"。包裹自身的成形很可能是早期事件，因为这样才能让化学物质集合，使其相互作用。此外，包裹的构成分子一定不能溶于水，就像我们今天构成细胞的包裹也是由脂肪分子（也称"脂质"）构成的一样。

化学反应发生的前提是相互靠近——化学物质之间只有发生碰撞才能产生反应，生成新的化学物质。当一种化学物质的浓度达到一定程度时，它就会接近另一种化学物质，然后它们相互反应形成新的物质，而且这个过程通常少不了催化剂的作用。具体到第一个细胞的情况而言，那意味着其是一个能自我复制的化学体，也就正如我们即将见证的——脱氧核糖核酸的作用。新的化学物质一旦形成，就会被密封在它自己的脂肪包里，而由于第一个包裹复制了自己，我们就有了两个包裹。于是，我们就慢慢形成了，当每一个包裹生出另一个新的包裹时，生命也随之产生。因此生命的其中一个定义便是"可以制造出全新的高度相似的化学物质和化学物质包裹"，又或者说是"老爸有个新包裹"[4]？

为了更详细地回答这个问题，我们需要了解一些生命化学的相关知识。生命体是由什么构成的？在生物学发展的早期，这是一个可以直截了当地回答的问题，因为生物学家们可以剖开生命体的细胞和组织，并通过化学分析得到它们的成分。事情开始倒不困难。组成生命体的化学物质有四大类，它们共同协作、互相依存，对生命而言有着同等重要的地位，但我们通常会从核酸开始说起。它是生命体中的信息分子——DNA 是细胞制造的化学配方。它可以被复制，并借由其携带的信息告知细胞应该如何制造蛋白质。

蛋白质是生命分子的第二大类。它们是高度复杂的生化物质，是生命体内的搬运工；它们从食物中提取能量，催化生命体中的化学反应，复制 DNA 中的信息去制造另一个细胞。如此看来，制造新细胞好比复印，文档（DNA）复印好后，办公室职员（蛋白质）便走过来帮助推进余下的进程。

第三类被称为碳水化合物。葡萄糖是一种典型的碳水化合物。我们通过分解葡

4　此处套用的是美国灵魂乐教父詹姆斯·布朗（James Brown）红极一时的单曲《老爸有个新袋子》（*Papa's Got a Brand New Bag*）。

萄糖获取能量（能量是所有机器持续工作的关键），它们也会进入其他的结构中，比如连接我们关节的胶原蛋白。若用办公室来比喻，碳水化合物就是职员的午餐。

最后一类是脂肪，也就是脂质。它被证明是生命不可或缺的物质之一。它不溶于水，成膜后便形成了一个个容纳万物的小包裹。没有了这些膜，一切都将被稀释，也就不会有后来发生的那些事了。这就是那间摆放复印机的房间。"职员们走向房间，而不是四处游荡"的模式显然很高效。因此，我们说生命就是一个装满可以自我复制的复杂化学物质的包裹，或者说是一间放着复印机的房间。

这台"生命复印室"已经运行了至少 35.67 亿年，穷年累月，四时不休，直到有了你我——这是一条绵延了 35.67 亿年的长长的 DNA 链。因此，我们能赋予生命唯一合乎理性的本意，只有 DNA 的复制。这一切都发生在细胞这个容器里，我们在地球上目之所及的生命无不如此。这么说来，我们人类其实并不重要。在完整的地球 DNA 链上，我们大概只占了其中的一丁点。而且不要忘了，地球上所有生命都是从那个率先复制了自己 DNA 的加拿大（或澳大利亚）细胞进化而来的。一项新近的研究显示，人类约占地球上所有生命的 0.01%。其余大多数是植物，紧随其后的是无处不在的细菌。所以如果第一个出现的"先祖细胞"，对所有"后代细胞"说"努力去繁殖吧"（翻译过来就是"请务必不断复制你们的 DNA"），那么你我在其中也做了渺小的贡献。更糟糕的是，我们导致了 83% 的野生动物和将近 50% 的植物的消亡。所以我们应该少点自以为是，尤其是考虑到有那么多以细菌形式存在于我们身体中的生物体时。

努力去繁殖吧！

如果我们试图解释第一个细胞是如何产生的，那么摆在眼前的第一个问题就是这些化学物质都如此脆弱。它们不喜欢酸、高温之类的物质或环境，甚至讨厌氧气。后者说出来或许会让人大吃一惊，因为我们通常认为氧气是生命存在不可或缺的东西。对我们人类来说的确如此，我们用它从食物中获取能量。但它同时也有很高的毒性，细胞不得不琢磨出特有的氧气使用技巧。至于高温，看看煮鸡蛋时鸡蛋的下场就知道了，鸡蛋的主要构成物质就是蛋白质。因此，这些化学物质所处的环境必须刚刚好，不太冷，也不太热。

仅仅过了 35.67 亿年，人类着手第一次实验，尝试再造一个金发姑娘的世界。20 世纪 50 年代初，斯坦利·米勒（Stanley Miller）和哈罗德·尤里 (Harold Urey) 两位科学家，按他们所知的早期地球的模样，架设了一套装有水的玻璃容器装置。他们创造出一个含有氨气、甲烷和氢气的大气环境（这些都是早期地球大气中含有的简单化学物质），并借助电极来释放电火花，模拟闪电。他们将玻璃容器放在加热装置上加热，使其生成水蒸气，水蒸气进入冷凝管冷却后形成液态水滴再次进入循环，如此往复，构成一个回路。他们的实验室肯定像弗兰斯坦博士[5]的实验室一般，电光四射，水声汩汩。这个实验持续进行了数天。当他们在一个早晨踏入实验室时，不可思议的事情发生了，一个小生物慢慢爬出了试管，生命诞生了！好吧，这些并没有发生，但他们的确观察到了令人惊异的现象。

他们在采集的样品中发现了蛋白质的基本组成成分——氨基酸。这说明即便早期地球的化学条件看似不容乐观，但它的确拥有创造生命有机要素的能力。这个实验被称为"米勒－尤里实验"（Miller–Urey experiment），实验结果一经发表，米勒和尤里便名声大噪；就在同一年，沃森和克里克发现了 DNA 的双螺旋结构，更是轰动世界。1953 年也因此堪称生命起源学说的奇迹之年。米勒－尤里实验证明，只要将恶劣天气应用于一个池塘中，并在水中溶解一些简单的气体，我们就能制造出至少一种生命分子来。这个实验被反复实践过，当投入不同的化学物组合时，结果令人瞩目。

5　出自 1818 年玛丽·雪莱创作的科幻小说《科学怪人》（*Frankenstein*），主人公弗兰肯斯坦是一位研究科学成痴的科学家。

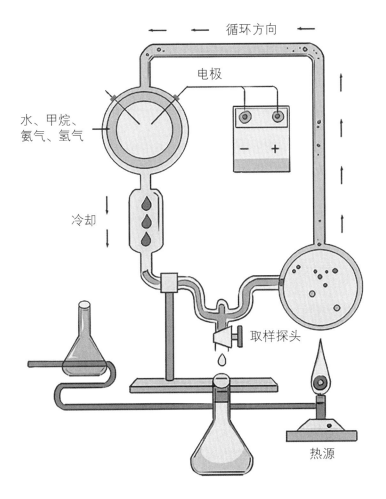

生命起源实验。米勒和尤里在实验室中模拟远古地球的环境。将气体和水简单混合，加上热源和电火花（雷电天气）的作用，产生了氨基酸这一生命的重要基本成分。

　　另一个重要的生命信息分子是核糖核酸（RNA）。有迹象显示，RNA 的出现时间可能要比 DNA 早，因为 RNA 虽然和 DNA 一样是信息载体，但还扮演了"酶"这一辅助角色（可以将它想象成一名兼具复印功能的机器人职员）。研究人员做了一个类似米勒 – 尤里实验的实验，但这次他们只准备了氰化氢、硫化氢和紫外线。

这个实验需要的东西就这么简单：两种早期大气中的气体，以及一点阳光。这些就绰绰有余，足以让他们成功地观测到 RNA 的组成成分。不仅如此，在这个条件下，还产生了构成蛋白质的原始材料。更令人惊喜的是，他们探测到了脂质的组成成分，而脂质孕育膜状包裹，膜状包裹则孕育细胞。

这表明一个简单的反应就能生成生命的大多数组成成分。所以即使是在天气宜人、大气中气体种类较少的情况下，很多生命的基本元素也在聚合。大地母亲已经准备好了面粉、糖和鸡蛋。氰化氢尤其关键，因为有证据表明氰化氢曾大量落在地球上，这一现象在历史上持续了数百万年。所以不妨试想一下，在这数百万年的时间的长河中，地球环境孕育出了各种生命要素，它们自行装配，诞生了第一个细胞。这个细胞随后开始复制 DNA，于是我们有了它的第一代子嗣，地球上的生命体从此生生不息，乃至有了你我。

这个细胞甚至有个名字——我们叫它"卢卡"（LUCA）。LUCA 是"最后的共同祖先"（Last Universal Common Ancestor）的缩写。可惜，有别于它的大名，卢卡并不是在意大利发现的（除非我们是在意大利的岩石中找到它的，且其年份早于加拿大岩石）。[6] 我们应该在世界各地为卢卡立碑塑像。卢卡和它的后代都是"单身"（单细胞）——它们不与其他细胞结合，乐于独处。这种现象在今天依然存在于细菌身上。当然，有些时候，它们也会形成菌落，聚集成丝状或垫状结构，但菌落中每一个细胞都是完全相同、未经分化的。

接下来要跨出的一大步，就是生物体形成细胞群落，但要让细胞表现出特殊性。人类就是这种类型的有机体：不同细胞各司其职的多细胞生物。在我们体内，大脑细胞被称为"神经元"，血液中负责抗击感染源的细胞被称为"巨噬细胞"，肝脏中帮助分解酒精的则被称为"肝细胞"。而且不要忘了，所有这些细胞都来自精子与卵子结合形成的那个细胞，那个细胞有着制造人体所有类型的细胞所需的一切信息。而我们是如何从单细胞生命进化成复杂的多细胞生命的呢？

这个问题自然也得由科学来回答。但在这一切发生之前，我们需要十足的耐心。当我们第一次在地球上看见复杂的多细胞生命时——这一次我们不需要显微镜了，

6　因为 Luca 是意大利人名。

时间又过去了 25 亿年。也就是说，出现多细胞生物所用的时间比出现第一个细胞的用时要长得多。原因在于它的发生概率几近于零。孕育卢卡的化学反应多少有点像让猴子在打字机上打出莎士比亚的名句（"无限猴子定理"）。假设让房间里的一大群猴子各自在一台打字机前打字，理论上只要给予的时间足够长，就会有一只猴子敲出莎士比亚的名句来。第一个细胞的诞生需要大量的随机化学反应，符合"无限猴子定理"。而多细胞生物诞生的条件，则大不一样：一个细菌进入另一个细菌体内并留在那里。当宿主细菌分裂时，它也随之分裂。它们形成了一个互惠联盟。这就是"内共生"，当一个细胞进入（"内共生"的"内"就是由此而来的）另一个细胞体内时，共生关系就形成了。但是，这种现象不常出现，因为进入方通常会被吃掉。

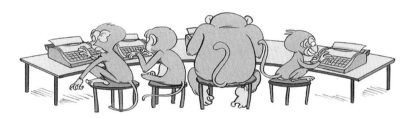

生存还是毁灭，这是一个问题。

事件发生的根源可能在于氧气。细菌最终进化出了从阳光中获取能量的能力。它们成了最早的植物，这个时间大约在 30 亿年前。这是一次巨大的进步，意味着地球上的生命可以与宇宙发生直接联结，自己吸收阳光，而不再依赖其他化学物质来获取能量。此外，植物还能借助阳光生成糖类，而糖类的消耗又进一步为其提供能量。生命体想办法给自己装上了一块电池——以糖原为储存形式，应需而动的能量储备。但是，这个过程同时产出了一个副产品，那就是氧气。氧气毒性高，所到之处无不被氧化，地球因此变成了锈迹斑斑的水桶。

可是，如果你能用氧气分解食物，并由此获得更多能量呢？事实也正是这样，可以进行这一聪明的生物化学过程的细胞吃力地挤进了那些不具备此能力的细胞体内，双方结成同盟。这种新细胞可以创造一个低氧环境，因为入侵者会充分利用氧气分解葡萄糖。有机体有了能量来源的同时，宿主细胞给入侵者提供了营养以及安全的栖身之所。如果用影印室来类比，那现在的情况就是工厂的发电机侵入了这间影印室，源源不断地产出能量。这是一次非常成功的战略安排。

之所以说它成功，是因为自此之后大量的进化物种具备了这种特点。这类细胞被称为"真核细胞"，而原本的入侵者我们现在叫它"线粒体"。从这一刻起，细胞开始走向分化。群落中的不同细胞分化出不同角色，比如一部分负责吃，另一部分负责消化。职能分工造就了一个格外高效的生物体，使其得以生存并进一步进化。关于办公室或工厂的类比在这里依然适用。现在这里分置了不同的部门，每个部门职责各异，它们有各自的影印室（细胞核），影印室里都有一份新立部门（细胞分裂时）创办指引。有些部门负责包装，有些部门负责收货，等等。于是进化继续发挥它的作用。

有一点我们须谨记，即进化是一个随机的过程，因为 DNA 的每一次复制都会产生某些微小的偏差，给生物体带来一些有点不一样的细胞。那些更适应主流环境的变异细胞得以存活——用达尔文的话来说即"适者生存"，虽然这话是赫伯特·斯宾塞在读了达尔文的《物种起源》后提出来的。就这样，各种物种开始形成，地球上的生命以相对更快的速度出现且呈现出多样化。值得注意的是，就在距今5.41 亿年前，地球上大多数动物是自那时起的 2000~2500 年间集中出现的，这段时期（在后世）被称为寒武纪大爆发（Cambrian explosion）。

"适者生存"这句话不是我说的。

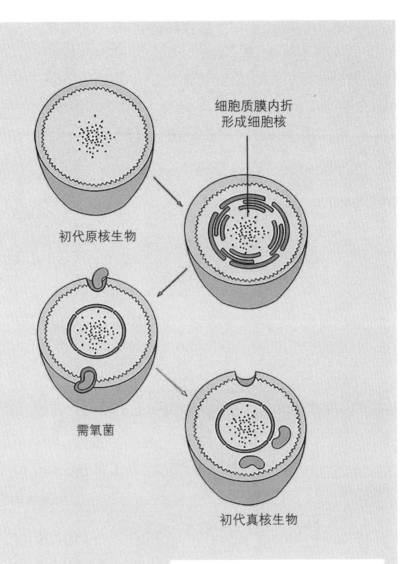

初代原核生物

细胞质膜内折
形成细胞核

需氧菌

初代真核生物

内共生：距今至少 14.5 亿年，一个细菌挤
进并停留在另一个细菌体内。这是地球复杂
的生命演化进程中的一个关键事件。

地球生命史

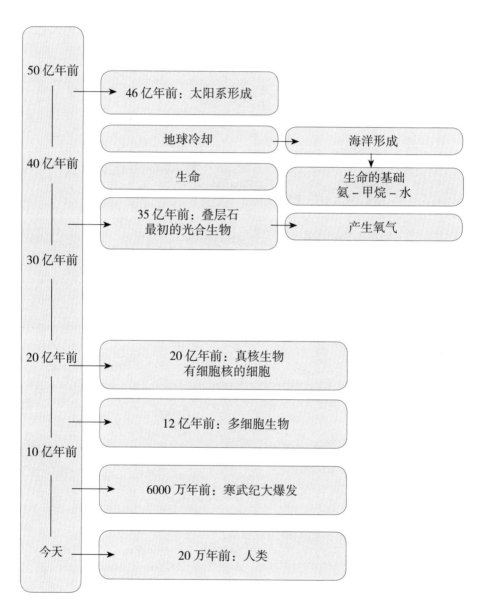

这一切意味着，要解释生命如何从卢卡进化到人类是绕不开能量的，也就是那台挤进影印室的发电机。利用氧气分解食物的能力，使大量的能量被捕获。正如尼克·莱恩（Nick Lane）在他的著作《至关重要的问题》（The Vital Question）中说的："是让能量加入 DNA 共同成为进化的驱动力的时候了。"氧气的存在诱发了内共生，内共生又促进了高效的能量产出，而这正是复杂的多细胞生命进化的过程（包括我们）所需要的。这一切足以为我们的生命下一个言简意赅的定义：我们之所以存在，是因为 DNA 的复制行为，以及可用以生成能量的氧气的存在。这一切皆起源于早期地球偶然发生的化学反应，它带来了第一个细胞。然后地球上又出现了一个会用氧气分解食物的细胞，它一头撞进了另一个普通细胞的怀里。它们的联盟促发了能量的高效产出和使用，这些能量让新生的真核生物得以继续形成多细胞有机体，然后多细胞有机体不断进化和兴盛，继而有了我们。

这个过程有个著名的演示办法，即通过一天 24 小时来模拟全程。如果所有这一切都发生在一天的某段时间里，那么我们人类出现在子夜前的 17 秒中。多细胞生物对能量或许有很大的需求，因为体内所有细胞的活动都需协调，协调意味着沟通，沟通在大多数的生物体内都是通过神经元来完成的，而神经元又是一个能耗大户。这是一个与两个嬉皮士、一条开口说话的蛇大相径庭的故事。但这个故事背后有着如此强有力的科学依据作为支持，针对"地球上的生命如何起源""人类如何出现"这两个问题，它几乎已经是全世界公认的最有可能的答案了。

在科学家们看来，所有这些发现引申出了两个重要问题。第一，我们会在其他星球上找到生命吗，还是说我们在宇宙中是唯一的？前者的可能性变得越来越大。我们在 67P/ 丘留莫夫 – 格拉西缅科彗星（67P/Churyumov–Gerasimenko）的大气云中已经检测到了甘氨酸、磷和其他前体有机分子。宜居带中发现了其他星球。最新统计显示，这样的星球可能多达 400 亿颗。它们大小合宜，与太阳的距离适中，足以让促使生命出现的化学反应发生。在 400 亿颗星球上寻找生命，就像让 400 亿只猴子在打字机上打出莎士比亚的名句一样。

现在几乎可以肯定，我们并不孤独。最近一个被认为适合生存或者可能存在生命的天体，是土星的一个卫星：土卫二（Enceladus）。在一项美国国家航空航天局（NASA）和欧洲空间局执行的联合任务中，"卡西尼号"（Cassini）探测器抵达了那里。"卡西尼号" 1997 年离开地球，在飞行了 12.72 亿英里（1 英里 ≈ 1.61 千米）后，于 2004 年 7 月 1 日到达土卫二。这是一次创举。土卫二离地球极远，如果你某天晚上钻进轿车以 50 km/h 的速度朝它行驶的话，在路上要花去的时间长达 3000 年。你最好带上一瓶咖啡和一块三明治再出发。为了尽快到达目的地，"卡西尼号" 做了四次加速：其中两次借助金星引力，一次借助地球引力，一次借助木星引力。

天文学家在覆盖土卫二的冰层上观测到了喷射的水汽，很好奇冰层下是什么。结果着实令人惊讶，"卡西尼号" 在上面探测到了游离氢。这是能量物质的一大来源。植物吸收阳光进行光合作用，为的就是能量。线粒体利用能量制造所有细胞的能量货币———一种被称为 "三磷酸腺苷"（ATP）的分子。这个发现让大家兴奋不已。它意味着生命的基础成分有了存在的可能，自由能有了存在的可能，也就意味着万物的前进都有了驱动力。游离氢就是让糖、面粉和鸡蛋最终成为一个蛋糕必不可少的能量物质。它是让烤箱成功烘焙出生命的热源。

因此科学家们有了前所未有的信心，认为生命不止于地球，生命的发端并不唯一。然而这又一次告诉我们，人类并不是独一无二的，也不是太阳系或宇宙的中心，甚至活着本身，相对无生命而言，也算不上多么特殊。能否找到其他有智慧的生命尚未可知，但科学家们确信一定会发现其他的生命系统，倘若有催化内共生的条件，它们也许就能演化成像我们这样复杂的生命系统。

科学家们的第二个问题则是，接下来会发生什么？生命会一如既往地在地球上进化下去,只要我们不去毁灭它——可悲的是这并不像听上去那么不可能。如果我们破坏了地球,不管是因为全球变暖还是因为其他灾害,都会有一部分生命存活下来,继续进化。全球范围内的生命灭绝,大概只有在出现宇宙级的大事件时,比如碰上巨大的小行星或伽马射线爆发,才有可能发生。但即便如此,或许还是会有某个罅隙旮旯里的生命能存活下来。如果人类的某些性状面临着巨大的选择压力(selective pressure),人类就会继续进化下去。地球上的生命从无到有,经历了所有这些磨难后,倘若仍以灭绝作结,那么生命依然可能在遥远的另一个星系的某个星球上继续进化着。

　　毕竟,生命不过是一袋子可以不断地进行自我复制的化学物质,如果它在地球上不存在,那在其他地方存在又有何不可呢?

第二章

我们何以如此聪明，为什么和洞穴人交欢是个好主意

今天，

不平等的表现形式

或许是 **大众** 在为谷歌或脸书

打工。

当你坐在那里读着这句话的时候，你的身体素质与智力素质与 20 万年前我们的祖先并没有什么不同。彼时，我们这个物种，即"智人"（Homo sapiens，意思是"有智慧的人类"——如此智慧过人以至于要强调两遍），居住在非洲的平原上，没有智能手机，没有肥胖的困扰，没有核武器，没有宇宙飞船或大型强子对撞机，也不知 DNA 为何物。如果将他们带到今天来，接受现代的教育，那么他们和你我将没有区别，完全有能力胜任我们做的所有工作。我们可以让他们成为飞行员、医生或政治家。20 万年来我们所做的，无非是将那时已进化得到的聪明才智运用在各种新鲜的事物上。

首先，我们将自己的特殊才智用于预测干旱，保护孩子远离危险，合伙杀死一只大型动物，尝试处理亲人的去世，学会掂量自己在部落中的权势等级。其中关键的科学性问题是：我们是如何从黑猩猩近亲，且对我上面列出的事务一窍不通（最多不过一知半解）的早期猿人进化而来的呢？

当然，如果你是一名山达基教（Scientology）[1] 的信徒，或许就会相信是外星人兹努（Xenu）在 7500 万年前将人放在了地球各处的火山上，从此有了人类。但科学告诉我们，现代人类的祖先起源于距今至少 20 万年前的非洲大陆上，在 4.5 万年前去到欧洲，在约 1 万年前到达今天的爱尔兰。作为最初被归类为"第三种黑猩猩"的物种（与我们关系最近的猿类，另外两种分别是黑猩猩和倭黑猩猩）是如何

1　山达基教音译自英文 Scientology（又译"科学教"），是由美国科幻小说作家 L. 罗恩·哈伯德（L. Ron Hubbard）在 1952 年创立的信仰系统。

在 20 万年前跨越猿类的身份，变成了如今的我们的呢？用 20 万年时间，其从倭黑猩猩变成了我们。

一如以往，回答这类问题还须从 DNA 说起。不要忘了，DNA 是生成一切生物的配方。它指引有机体制造蛋白质。蛋白质是搬运工，承担了你体内所有的力气活，从消化食物，到正常运转大脑，再到防御感染。这个配方由化学代码写就，以核苷酸为基本组成成分。它很像是一条由许多细小的珠子串成的珠链，每一个核苷酸就是一颗不同的珠子。万幸这样的核苷酸只有四种，若以字母指称的话，它们分别是：A、T、C 和 G。它们连成一串，共同组成了染色体结构，而染色体包含 DNA。

不可思议的是，你的染色体珠链上的珠子总数足有 30 亿个。那是非常多的珠子和数不胜数的珠绳，但这的确就是事实。更惊人的是，DNA 实际上是由两条独立的链条互相缠绕，从而组成它标志性的双螺旋结构的。这种结构具有稳定性，有点像梯子，只不过双链是从中心并联起来的。罗莎琳德·富兰克林（Rosalind Franklin）通过 X 射线晶体衍射技术拍出了一张 DNA 的照片，当沃森和克里克首先由此推测出 DNA 的结构并构建了三维模型时，两人都感到难以置信。沃森说他们在午饭时间跑到附近的一家酒吧（剑桥的老鹰酒吧），高呼"我们找到生命的秘密了！"为什么他们会喊出这样一句话呢？是这样的，如果我们对这两根互相缠绕的链条进行观察，就会发现其中的不同凡响。如果其中一根链条上有珠子 A，那么在另一根上与其配对的就是珠子 T。如果这边有个 C，那边就是出现 G，它们相连的方式，有点像乐高积木。连接点类似梯子上连接两侧杆子的那根横杆。

从中，克里克明白了遗传信息的传递就是这么进行的：DNA 的双链互相解开，然后这两条单链各自补齐一条新的链条，新链珠子是以原链珠子为模板并根据配对原则逐个生成的。这个过程被称为"DNA 的复制"。两条单链相连成为双螺旋，细胞分裂时，双螺旋也随之分离。分离的单链将被以 A 配 T、C 配 G 的配对原则复制，并由此形成新的双螺旋。沃森和克里克二人很快就发现了生命的秘密，即遗传信息是如何传递给下一代的。A 配 T、C 配 G 的配对原则适用于地球上所有形式的生命。它们在第一个细胞中出现，此后便被后世细胞所承袭下去。

而一旦你手握这条珠链的序列——告诉我们 A、T、C 和 G 排列顺序的 DNA 序列——就拥有了生命的配方。DNA 序列能够指导蛋白质的合成。这是一个高度复杂的过程，被称为"翻译"。核苷酸序列可以合成特定种类的蛋白质——我们称这种序列为"基因"。而这些蛋白质使你成为一个独一无二的生物体。它们可能会让你脑袋上长角，或者决定你的毛发是否浓密、个子是高还是矮。

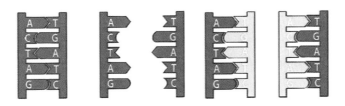

DNA 的复制：两根单链相连后成为双螺旋，细胞分裂时，双螺旋也随之分离。分离出来的单链将被复制——A 配 T、C 配 G，由此就得到了一个全新的双螺旋。

由此，我们可以通过比较不同物种的 DNA 序列，来判断物种的相似程度。德斯·希金斯（Des Higgins）是爱尔兰的一位分子生物学家，他和同事们研发出了专门的计算机程序来实现这一目标：将 DNA 序列一一列出，并比较它们的相似度。他发表的关于此研究成果的论文成为全世界计算机科学领域内被引用次数最多的论文，也就是说，相比领域中的其他所有论文，他这篇文章被推介给了更多的科学家——这绝非易事。其结果显示，香蕉一半的 DNA 序列与人类一半的 DNA 序列大致相同。我们和香蕉共享一半相同的配方。不幸的是，我的一些朋友，他们的"香蕉性"大概比人性要多那么一点。[2] 但总的来说，这不无道理，因为香蕉有许多和我们共通的特点：它们的细胞是由和我们细胞大致相同的物质组成的，它们也用相似的酶来完成大量的"家务"，比如清扫垃圾和从食物中提取能量。

当我们将自己的 DNA 序列与黑猩猩和倭黑猩猩的 DNA 序列进行比较时，发现三者的 DNA 相似度高达 95%。这证实了共同祖先的存在。我们在 200 万年前有一个共同的祖先，它的样子看起来更像一只黑猩猩。在它的后代中，其中一个是人类的祖先，而其他的则是黑猩猩或倭黑猩猩的祖先。随着时间的流逝，这 5% 的 DNA 序列差异便日益凸显出来。问题在于，我们不知道 5% 中的什么序列导致智能手机的使用者是我们，而不是黑猩猩。也许大脑中有一种特殊的蛋白质可以让我们的神经元更好地工作；也许是一种能够让我们拥有更高级的发声技巧或在大脑中更好地处理声音的蛋白连接方法。其中究竟，我们还不得而知。

2　此处是作者的调侃，香蕉（banana）在英语俚语中有疯狂、情绪失控之意。

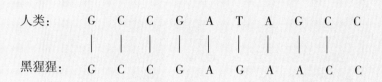

人类：　G　C　C　G　A　T　A　G　C　C
　　　　｜　｜　｜　｜　｜　｜　｜　｜　｜　｜
黑猩猩：　G　C　C　G　A　G　A　A　C　C

　　我们可以做这么一个有趣的实验 [借助一种在今天可以实现的 CRISPR（成簇的规律间隔的短回文重复序列）基因编辑技术]，将黑猩猩那 5% 的 DNA 替换成人类的，看看结果如何。我们会创造出一个人吗？答案是不太可能会，因为除原料名称外，配方中各种原料的投放量（这也是内置于 DNA 序列中的信息）也同样重要，而黑猩猩和人类在这一点上也存在差异。假设你用同样的食谱做了两个蛋糕，用的是同样的原料，但加入了不等量的面粉，虽然会得到两个蛋糕，可它们不会全然相同，就像我们虽形似黑猩猩，但差异依然显而易见。尽管如此，它依然为我们提供了一个饶有趣味的视角。那 5% 的差异，定然是让我们生而为人的原因之一。

　　相较而言，描述我们和黑猩猩的实际差异要容易些。这是人类学家的工作，他们研究其他类人猿，从行为和能力方面将它们和人类做比较。现在普遍认为差异源于人类特有的一种被称为"创造力"的能力，或者说，我们至少比黑猩猩更具创造力。我们开始以各种新奇有趣的方式使用工具，还利用这种创造力和观察学习的能力学会了使用火。火的应用给了我们巨大的优势，因为我们可以用它来烹煮食物。烹煮意味着部分消化，意味着我们从食物中摄取能量的效率得到了提高。同时，它作为保存食物的一种手段（例如，对食物进行烟熏），在食物短缺时是很有用的。拥有这些能力的人类，自然会得到更多的生存机会。于是，这些能力经过代代相传，逐渐成为主流。

　　我们还学会了制造精巧的工具用以捕猎、切割动物，或自我防御。到了某个阶段，我们开始直立行走，这又成为我们的一个优势：解放双手后，我们可以用它们去做更多的事，比如更敏捷地观察周围环境，更高效地捕猎。我们的社交活动也变得丰富起来。这再次给我们带来了优势（在其他生物体上也有同样的体现），但对人类来说，这还意味着我们不得不学会厘清我们所处的社会等级（pecking order）。我们开始钻研尊卑次序，因为一旦出错，付出的代价可能就是生命。如果你以社群首领（alpha male or female）自居，但其实你不是，那你的下场不是被真首领杀死，就是被伤害或驱逐。同样，你也会骑在不如你的人的头上作威作福，以得到更多资源。于是身份焦虑成了一个至今仍困扰着我们的问题，而且对身份的认知也解释了我们大多数的行为，比如开什么车、住在什么地方和穿什么衣服。

所有的这一切都发生在非洲大草原上。此后，我们开始向四周探索，很可能是为了寻找食物或其他资源。我们进化出的贪心和好奇心驱使我们不断前进和冒险。好奇心就是我们作为地球上的一个物种最终如此成功和占主导地位的原因。它也是我们探索科学的原因。而我们的创造力让我们学会了用科学发现去制造有用之物，无论是制造超越人力的机器来帮助我们，还是研发新的药物治疗困扰我们的疾病。好奇心的进化，也许是为了确保我们在资源匮乏时能够迁居别地；也许是为了帮助我们找到伴侣，并传递我们的 DNA；也许是我们对即将发生的事感到好奇并加以预测的结果，因为这个能力给我们带来了显著的生存优势。

其他动物身上也显示出了这些特质，但程度不同。其他动物会巧妙地使用工具，但远不及我们人类。比如黑猩猩，它们会剥掉枝条上的叶子，把枝条当作捕捉昆虫的工具。它们会用枝条从蜂窝中蘸蜜，或从捕到的动物的骨头中挖取骨髓。它们还会用一把树叶吸足了水分再饮用。此外，大猩猩渡深河时会使用拐杖。所以使用工具的能力并非人类独有，只是我们将其发挥到了极致，让其成为我们傲视万物的必杀技能。

我们是如此聪明，最终学会了在山洞岩壁上绘画。起初，这也许只是一种向他人传递信息的方式（捕猎这些猎物），但同时成了艺术的发端，而艺术是我们表达自我并使自己感到满足的一种方式。我们的聪明也许衍生出了艺术细胞这个副产品。我们将猎到的动物画出来时，一定是看到了它们，于是可以在岩壁上留下形似动物的记号。这也许满足了我们的控制欲，也许让我们感到开心并露出了笑脸，因为我们聪明的脑袋感受到了其中的快乐。

我们必定也会开始思考死亡。当我们看着自己的孩子死去，或者友人战亡，又或者亲人老死时，我们是如此依恋他们，因而不愿这些事情发生。动物们在它们的至爱死去时也会感到悲痛。比如雄性大猩猩会在死去的伴侣身旁哀号。海豚在失去宝宝时会发出哀恸之声。而人类做得更多。我们会仔细料理死者的后事，其中既有对卫生方面的考虑，也有对死亡的敬畏。因此，我们试图以某种方式去控制它。这大概也是聪明带来的副产品。

艺术创作和丧葬之礼，这两种决定了我们是谁的新生的特质开始愈加显著。没有其他动物会像我们一样有艺术才能，像我们一样花费这么多的时间在艺术创作或欣赏上。也没有其他动物会像我们一样为死去的挚爱大费周章地料理后事、操办葬礼，标记和拜访他们的长眠之地。

　　这些特质跟随着我们四处迁居。人类的迁移大约从 9 万年前开始。我们开始变得不安分，开始从非洲大陆走出去。这是通过对人类骨骼化石的年代测定做出的推论，确凿可信。走出非洲的原因可能是那里人满为患，也可能只是一次意外——或许是一个部落流浪到了中东地区，结果回不去了。证据显示我们的祖先中只有一小部分进行了这场旅行，而所有欧洲人、亚洲人和美洲人，都是这群勇士的后裔。我们离开非洲后，发生了两件有趣的事。我们进入了世界上一处植物更容易生长的地方，即中东地区所谓的"新月沃土"（Fertile Crescent）。我们注意到这一点，可能缘于一次偶然事件，某个祖先不慎将植物种子撒落在地上，然后发现同样的植物在原地生长了起来。于是我们发现了农业。

　　有些科学家将其视为一个巨大的错误，因为农耕是苦难的开端。之所以这么说，是因为这是一份重体力的苦差，还因为为了食物，人们从此不得不起早贪黑地在田中劳作。我们突然（约 1 万年前）从狩猎采集者变成了农耕者。这也意味着我们必须生活在更大的社群中。我们建立了最初的城镇和村庄。我们也会因传染病而生病，因为细菌和病毒更易在疲累的身体上传播，此外我们驯养的牲畜也会成为传染源。有些细菌和病毒生活在这些动物身上时相安无事，但一旦到了我们身上便会大肆破坏。

　　社会也变得更加不平等了。一个更分明的等级制度被建立了起来——有产者（稍微聪明些的人拥有土地或控制了种子）和无产者（须为前者卖力）。一个不平等的社会制度开始出现，时至今日，我们依然在忍受它。很有可能从开始种植农作物和豢养家畜时起，我们创造的社会实际上是人间炼狱，而不是伊甸园。但这很难给出定论，因为关于农业社会前的人类生活的真实样貌，我们并没有足够多的信息。但在人类历史的大部分时间里，的确有一小撮人，靠着控制和奴役大多数人，过上了美好的生活。虽然社会主义在一定程度上做出了改变，但我们依然生活在一个非常不平等的世界中。

今天，不平等的表现形式或许是大众在为谷歌或脸书（Facebook）打工。这类公司的创始人富可敌国，他们的员工却挣着微薄的薪资。但员工不会反抗，只要他们还有罗马人所称的"面包和马戏团"（外卖食物和奈飞³）。我们不禁怀疑美国阿片类药物危机产生的原因，或者人们在周末狂饮的原因，我们是不是其实应该在非洲大草原上过着自在的生活。我们不确定，因为人们使用药物或酒精的原因有很多，包括缓解焦虑、打发时间或减轻压力。但是，倘若我们能生活得更加自由，生活在一个让我们朝着有利的方向进化的环境中（也许就像农耕出现前的那样），我们需要的化学药品的支持会更少。

走出非洲后，在距今约4万年前的欧洲，人类祖先遇到了一个远亲：尼安德特人（Neanderthal）。尼安德特人是人属（Homo）下的另一个物种，在60万年前与我们有一个共同的祖先。那位共同的祖先的后代中，其中有一分支成了人类——在高校入学考试中得了630分（或者多年前诸如此类的事情）的聪明孩子。尼安德特人在脑力上不如人类（不过更新的研究发现正在挑战这一观点），但他们仍然兴旺起来了。科学家们认为，在欧洲生活的尼安德特人的数量一度达到了上百万人。然而在遇到我们后，他们在不到5000年的时间里完全灭亡了。也许是占了脑力上风的我们将他们逼退至亚欧大陆边缘，他们由于无法生存而走向灭绝。也可能是我们带去了他们毫无抵御能力的险恶病菌。也可能只是因为我们人口不断壮大，他们被我们同化了，而非遭到了屠杀。

3　奈飞（Netflix）是知名的在线影片租赁提供商。

至于人类祖先是否与他们有过性行为，这个问题曾一度激起热议。乍看之下不太可能——这几乎就像与一只黑猩猩做爱一样。但此后 DNA 的证据显示，交配确有其事。我们携带的基因中有一部分来自尼安德特人。随着时间的推移，诸如此类的性行为的次数可能不胜枚举。一项新近的研究在尼安德特人的 DNA 中发现了少量智人的 DNA，这意味着此二者间的性行为也许发生在更早的时候。总而言之，现在的我们都是人类祖先与尼安德特人的混血后代，尼安德特人是电影里那种典型的前额凸出的粗野的洞穴人形象，没有证据表明他们在艺术上有何造诣，或有任何埋葬逝者的习俗。当然，我们还不能肯定，也许这类证据有待发掘。而我们可以肯定的是，人类和尼安德特人是亲密的近邻。我们的 DNA 中有 1.8% 来自尼安德特人。在我的一些朋友身上，也许比例还要再高一点……

其中一种基因（BCN2）掌握着浅色皮肤色素沉着的配方。这意味着欧洲人的白皮肤部分来自尼安德特人的 DNA（人类在走出非洲时仍是深肤色）。浅肤色让人类在日照较弱的北半球得到了更大的生存优势。经阳光照射后，人类的皮肤会合成维生素 D。这对人类的身体，尤其是骨骼的健康尤为重要，而浅色皮肤可以最大限度地吸收阳光。所以尼安德特人的 DNA 或许帮助人类适应了在非洲大陆以外的生活。

但尼安德特人的 DNA 并不都是对我们有益的。有些会让我们更容易患上某些疾病，如 2 型糖尿病和克罗恩病（一种消化系统炎症）。我们的生活方式（比如日常饮食）可能与尼安德特人的有差异，再加上尼安德特人的基因作祟，我们患这些疾病的风险也许会因此变得更高（虽然对此我们并不清楚）。

我们从尼安德特人那里还获得了另一个有趣的基因，它使我们更容易对尼古丁成瘾。这个来自尼安德特人的烟瘾基因的发现着实让人感到意外。发现这个基因的学者当然不是暗示我们的进化表亲在山洞里吞云吐雾。这个基因一定有其他功能，或许能唤起我们对某种对生存有关键意义的食物的渴求。一种能够帮助增加皮肤、毛发和指甲的韧度的纤维蛋白被称为"角蛋白"，合成角蛋白的基因也来自尼安德特人。兴许这为我们提供了抵御寒冷的加厚隔热层。

一个我们有而尼安德特人没有的基因是FOXP2。这是一个非常有趣的基因，科学家们认为它赋予了我们发出复杂声音的能力，使我们拥有更优越的语言能力。如果把这个基因植入老鼠体内，老鼠就能发出各种以前无法发出的声音。事实上，科学家创造出了一只会咆哮的老鼠，但由于其大脑没有产生变化，它还是不明白自己在说什么。这只老鼠一定很疑惑自己为什么会发出无法理解的声音。由于尼安德特人缺少这种基因，所以他们的发声技能很可能受到了更多限制。无怪乎我们常将他们刻画成强壮又寡言少语的形象。

最后，我们还从尼安德特人那里获得了增强免疫系统的基因。促使尼安德特人进化出此类基因的，大约是欧洲更为严峻的生存环境。在那里，伤害的发生也许更普遍（可能是由于尼安德特人的内部打斗导致的，对此我们并不清楚），因而伤口感染的可能性更大。免疫系统功能较强的尼安德特人存活了下来，并将这种基因传递给了我们。

于是，我们看到了这样一个形象：一个毛发浓密的男子在性交后抽着烟。他口若悬河，免疫系统强大得足以抵御一切从性生活中接触到的病菌。朋友们，这就是我们的祖先。难怪他子孙绵延，打败了比他粗野的尼安德特表亲。

如果将目光从欧洲移到亚洲，我们就会发现在另一人属物种——丹尼索瓦人（Denisovan）中也存在混血儿。丹尼索瓦人是尼安德特人（以及我们）的近亲。证据表明他们和智人之间也发生过性行为，他们的基因可以在（居住在巴布亚新几内亚的）美拉尼西亚人（Melanesian）和澳大利亚原住民身上测得。其中，后者更值得详述，因为丹尼索瓦人在距今约 6.5 万年前到达大洋洲，这个时间远比他们的兄弟姐妹到达欧洲的时间要早。就像一家人出行，他们将家人抛在后方，而留守的家人后代则在 5000 年后离家到了欧洲。然后在数万年后的 1770 年，失散多年的同胞亲人终于在库克船长（Captain Cook）[4] 登陆澳大利亚的那一刻团聚了。但对这些土著表亲来说，这次家族团聚并不那么如意。远亲来敲门时，他们还不如藏在沙发后面呢，因为他们为这场团聚付出了沉痛的代价。

所以，我们目前对人属下的这三个分支物种的看法是他们有一个距今 30 万年至 40 万年的居住在非洲的共同祖先。一支在进入中东地区后分裂，部分后代成了尼安德特人并迁居欧洲；另一支成了丹尼索瓦人并迁居亚洲。直至距今 13 万年前，留在非洲的那一部分最终进化成了智人。在大约 7.5 万年前，智人外迁到了欧洲和澳大利亚，但在欧洲和亚洲分别与失散多年的表亲——尼安德特人和丹尼索瓦人都有过性行为。随后，亚洲分支在约 2 万年前又迁往美洲，他们的后代就是今天的美

---

4 詹姆斯·库克（James Cook），英国的探险家和航海家。他和他的船员是首批登陆澳大利亚东岸的欧洲人。

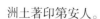

洲土著印第安人。

　　1492 年也有一场聚会。这一次是来自欧洲的分支家族遇上了经由亚洲远渡美洲的表亲。双方的别离至少历经 4 万年。再说一次，这对美洲原住民来说并不是什么好事。尽管如此，美洲作为一个大熔炉，聚集了智人的所有分支，不管是带有一点尼安德特人基因的智人，还是带着些许丹尼索瓦人基因的智人，他们的 DNA 都在这里混合交融。这不仅为其带来了各种优势，也留下了不少棘手的挑战。向数以百万计咖啡色皮肤的咖啡爱好者 5 的美好未来致敬。

　　无论你怎么看，智人始终是一个共享这片土地的智慧大家族，所以请停止所有的争斗，尝试与你的兄弟姐妹和睦共处吧！毕竟，经历了许许多多的进化、跋涉和交合，才有了今天的你们。

5　澳大利亚原住民为棕色人种，且澳大利亚有全世界最好喝的咖啡。

第
三
章

我想要你，拼命地想要你：关于寻找爱情的科学

你相信**一见钟情**吗？没错，我相信它**建立**在**睾酮**、5-羟色胺转运体、排卵期和**7：10**的腰臀比上。

　　在上一章中，我们看到我们的祖辈在约 4 万年前到达欧洲，在那里遇到了尼安德特人。事实证明，这对尼安德特人来说是灾难，因为我们导致了他们的消亡。但人类祖先在这么做之前，就像黑寡妇蜘蛛[1]一样，先和他们云雨了一番。令人吃惊的是，我们所有人都是他们的混血后裔。我们的 DNA 中包含一小部分（约 1.8%）的尼安德特人的 DNA。人类祖先居然会和毛发旺盛的粗野山人有交配行为，这个想法曾让许多学者嗤之以鼻，因为这和与一只黑猩猩性交没什么两样。但是，证据现在就摆在眼前，人类祖先的确这么做了。他们究竟什么地方吸引了人类祖先呢？是否只有处于排卵期的女性才觉得洞穴人有魅力？我们该如何挑选未来的配偶呢？

　　如果你是一个男人，是不是就该给自己喷上香水，在前胸口袋里装上一支露出清晰的雪花标志的万宝龙钢笔，确保自己的腰臀比保持为 9 ∶ 10，喝纯的威士忌，并且在舞池里大显身手呢？"吸引力"背后的科学近来已成为热门话题，一些研究发现揭示的是我们作为一个物种的本质，令人讶异之余也不乏启示。当你选择一个伴侣时，保持忠诚且收获幸福的概率有多大呢？针对这个问题，科学或许能够给出答案。

1　即毒寇蛛，一种具有强烈的神经毒素的蜘蛛，雌蛛在交配之后往往会吃掉雄蛛。

　　关于吸引力的科学是一门大学问。婚恋机构存在已久。在过去，负责牵线搭桥的媒人是一个重要角色。到了 20 世纪末，人们发明了速配式相亲，为的是让整个流程运转得更高效。古罗马人认为是爱神丘比特将人们撮合到了一起，因为对当时的人来说，爱情是个谜。人们不懂为什么吸引他的是这个人而不是那个人？婚恋机构知道是兴趣、价值观和个人背景在其中扮演着重要角色。但是在最近的一项调查中，被调查者填写了有关他们个人信息的详细的调查问卷后，有人根据匹配度预测谁会对谁有兴趣。随后被调查者被放到速配环节中，猜猜结果如何？预测是错的。此次调研的作者总结说："在两人见面前想要基于匹配要素做出预测很困难。"

　　但是，我们会倾向于选择那些长得像自己的人。实际上，有研究表明你会被那些长得像你家人的人所吸引。第一反应是：哟！为什么这样，我们也不清楚，但其中一个原因可能是如此可以降低被拒绝的风险。倘若你选择了一个和自己长得千差万别的人，对方可能会将你视为其他部落的人而担心你会伤害他。这样做也可能是因为，一个长得像你家人的人更有可能留在你身边，帮你养育孩子。一项研究结果表明，我们会被长得像我们父母的人吸引。有高龄的双亲的人所喜欢的对象年龄也会相对更大些。也许是因为他们让我们有安全感。至于在刹那间产生的外表吸引力，我们通常无法解释原因。难题之一就是如何以科学的方式研究它。想要在实验室环境中复制这种吸引力几乎是不可能的。白炽灯和白大褂显然会毁掉一切情趣。所以，当你看到某人穿过拥挤的人群，然后想"嗯，我喜欢他的长相"时，我们又如何得知这一时刻呢？首先，它和我们的嗅觉有关。别人的气味，我们要么觉得有吸引力，要么觉得厌恶。欢迎来到信息素（pheromone）的世界，信息素是一种主要存在于汗液中的挥发性化学物质。人们斥巨资研究信息素，因为它很可能是制作某款能够更有效地吸引异性的香水的关键。它已被证实在动物王国中占有一席之位，所以人类也不例外。发情的母狗会释放信息素，数英里之外的公狗一嗅便知，然后开始咆哮。昆虫主要通过释放信息素来吸引配偶。这种交流类型是潜意识的，我们甚至意识不到它正在发生。

　　在一个著名的研究中（看此类研究时我们必须加一小撮盐进去[2]），研究人员让男士去闻女性在生理周期的不同阶段穿过的 T 恤。结果从数据上看，T 恤是否好闻与女性是否处于排卵期（排卵期的性行为有更高的怀孕概率）有密切的关系。闻香识女人，可谓合情合理。女性在排卵时希望吸引配偶，因此她的身体会产生一种信息素将异性吸引过去（只是打个比方）。同样的情况也发生在另一个实验中，男士被要求评价两张照片，照片上为同一位女士但处于生理周期的两个不同阶段：正在排卵期内，以及不在排卵期。男人的心再次被处于排卵期那张女士的照片捕获了，他认为那位女士在排卵期时更有魅力。这一次与嗅觉无关。

2　"加一小撮盐"在英语俚语中意为保持半信半疑的态度。

一个可能的差异在于女性的瞳孔是否放大。处于排卵期的女性的瞳孔放大的可能性更高，从而被认为更加具有吸引力。瞳孔放大是性唤起的标志之一。针眼般细小的（打个比方）瞳孔毫无魅力。处于排卵期的女性的另一特征是她倾向于暴露更多的肌肤。研究人员让女性参与者在一段时间内给自己拍照，从而计算她们的肌肤裸露程度。结果显示肌肤裸露度与其所处生理周期的阶段有明显的相关性。这可能是由于体温出现轻微升高而引起的，也有可能和女性的激素水平有关，因为较高的激素水平提升了她的性自信。

同样，在男性看来露出更多肌肤的女性更具吸引力。此外，女性穿红色比穿其他颜色更能赢得他们的青睐。同样的道理，亮红色的唇膏或腮红会让一个女人的脸看起来更美丽。这是因为女性在经历性唤起时身体更容易泛红或呈粉红色，所以红色的着装会被男性解读为女性此时处于性兴奋状态。也有调查显示女性在排卵期穿红色衣服的可能性会更大。最后，处于排卵期的女性，其声音也被认为更具诱惑力。因此，男性是这场生物学游戏中的马前卒，其任务就是让精子与卵子结合形成受精卵，将二人的 DNA 合而为一，创造新的生命。

反过来，男人吸引女人的地方是什么呢？同样，气味依旧在其中扮演了一个关键角色。在一项研究中，女性参与者被要求闻男性的汗衫，结果显示汗衫是否好闻与其主人的体形匀称与否之间具有相关性。巧的是，主持这项研究的科学家的名字就叫兰迪·桑希尔（Randy Thornhill）。研究人员尝试识别其中的化学物质，睾酮的代谢物——雄烯酮（androstenone）、雄甾二烯酮（androstadioenone）和雄烯醇（androstenol）都是可能性较高的候选对象；但即使一个男人将这些东西喷在身上，他的吸引力的提升也依然有限，充其量只是打了一块补丁。各种化学物质的融合颇为重要，可同样重要的还有它们被女人闻到时的氛围。也许它们在烛光餐厅里伴着巴里·怀特（Barry White）的琴声出现时才是效果最佳的时候。

有几项研究显示人们更青睐对称的事物。美丽的脸庞是对称的。对称性传达出一个信号，即这个人有优质的基因——身体发育对称，因此他拥有强壮的身体。对于希望得到拥有最优基因的另一半以将最优基因传递给后代的人来说，这就是一个积极信号。研究人员在这方面也下了很多功夫。与拥有匀称体形的男性相结合，女性更容易获得高潮，胸部匀称的女性生育能力更强。对称可能是雌激素水平正常的反映，而正常的雌激素水平对卵巢功能是有促进作用的。

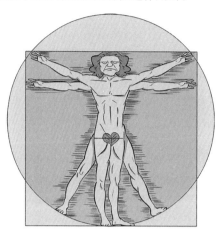

　　除了对称性，另一个被发现与男性吸引力相关的生理特征是男性的无名指长度。女性可能下意识地注意到了这个特点。男士们，注意了。一个女人观察你的无名指，未必是在看你是否已婚。无名指的长度充分显示出其在母体子宫发育时分泌的睾酮水平。男性的无名指相对食指长得越长，表示睾酮水平越高。睾酮水平越高，意味着该男子拥有的精子越多，生育能力越强。但是，女士们要注意了。无名指比食指长很多的男性，可能是睾酮刺激了性欲的缘故，出轨的可能性也更高。

睾酮水平在男女体内有相当显著的差异。它也许会导致男性和女性大脑结构的轻微差异，但这点目前还有争议。男性的大脑是否生来就与女性的大脑有生理上的差异，这个问题还有待探讨。最近针对这个问题展开的一项大型的脑成像研究发现了一些差异，尽管共性仍多于差异。研究对 2750 名女性和 2466 名男性脑内的68 个区域进行了检测，发现女性的大脑中的皮质层更厚。大脑皮质层越厚，意味着在常规智商测试中的得分会越高。而男性的大脑，平均而言则拥有更大的海马（大脑中负责记忆和空间意识的部分）、纹状体（处理学习和奖赏的部分）和丘脑（负责向大脑其他区域传递感官信息的部分）。男性群体间各个体的皮质层厚度差异更大。这和男性在智商测试中比女性表现出更大的差异是一致的。这项研究虽然有趣，但至于这些差异是否导致了男女在行为或智力上有所区别，仍无法得出定论。

我们的确清楚男女有行为上的差异。纵览动物王国，雄性更有野心。男性总体而言有更好的空间推理能力，而女性一般更体贴、更有同情心。这可能和睾酮水平有关。但是外部环境对男人和女人施加的影响同样不可小觑。有一个研究发现相当有趣，相比女宝宝，男宝宝从母亲那吸出的乳汁更多。这就有可能导致各种不同的发育结果，从而引发因营养成分有别出现的男女差异。

但女性个体间的睾酮水平也千差万别，这在竞技体育中引发了不少争议。有些女运动员的睾酮水平天生就非常高，那么自然有更优越的肌群和耐力。国际田径联合会正在考虑禁止这类女运动员参赛，但引起了争议。一个著名的案例是卡斯特尔·塞门亚（Caster Semenya），她的性别鉴定结果显示她的睾酮水平高出均值三倍，因而她被要求服用药物降低激素水平。但尤塞恩·博尔特会因为他矫健得异于常人的长腿被禁赛吗？问题就在于总会出现这样的运动员，他们的生理机能令他们鹤立鸡群，不管那是摄氧量，还是对肌肉中高浓度乳酸的耐受能力。

　　许多研究结果都显示，女性更容易被雄性激素高、外形阳刚的男性所吸引。此外，拥有出众的身高、宽阔的肩膀和结实的下颌的男性，也都备受女性的青睐。但是，女人不见得一定会喜欢硬汉。并非所有女性都钟情于猛男，这同样取决于她处于生理周期的阶段。有一个研究发现当女性处于排卵期时更容易被阳刚的男性吸引，但前提是她的伴侣不具有这种阳刚气质，这一点相当有趣。这个现象的一个可能的解释是，她希望得到阳刚男性的精子，但在余生她更想要一个不那么阳刚的男人（他平时可能更体贴），因为他更可能是孩子的好父亲，而不是浪子。不过，这都只是猜测而已。

　　有意思的是，男人的体味会向女人透露出他的主要组织——相容性复合体（MHC）基因。这是什么呢？简单来说，这些基因在人的免疫系统中扮演了一个重要的角色。女性更钟爱 MHC 异于自己的男人，因为这样一来，他们的孩子将获得更多的 MHC，这也就意味着他们能更好地抵御传染疾病。MHC 就像一组武器。多样化乃生活之情趣。武器越多，你击败入侵者的胜算就越大。但是，研究也发现，当女性在服用避孕药物时，情况就大不一样了。她会喜欢男性少点男子气概，而 MHC 也是越接近自己的越好。

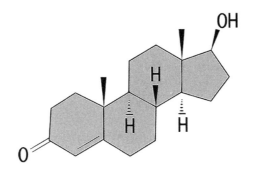

睾酮是人体主要的雄性激素。它在男性生殖器官发育过程中扮演着关键角色，并促进第二性征（如增多的肌肉和毛发）的形成。

这是因为服用避孕药让她以为自己怀孕了，所以她更倾向于选择一个贴心的伴侣，而 MHC 相近则意味着这是一个更有可能照顾她后代的近亲。另一个关于避孕药的有趣发现和性满足有关。如果一名女性在服药时选择了伴侣，那么她只要还在服药，对这段关系的满意度就会很高。这就好像那颗药在某种程度上改变了她对伴侣的看法，也许这是通过提高她对伴侣所散发体味的敏感度来达到的。或许一旦她中断服药，这体味也就变得不再对她有吸引力了。

另一个具有吸引力的特质——至少对一部分女性来说是这样的，或仅当她处于排卵期时——就是做出冒险行为。比如抽烟这样的冒险行为会被视为具有性吸引力，因为它标志着力量。如果我的身体可以承受这些，那么我一定有优秀的基因。高危行为，如跳伞或挑战一级方程式赛车，无不魅力十足。这也正是因为它们在宣示力量和勇气。自信也一样，且男女适用——但不是过度自信。人们认为音乐家有魅力，是因为当他们起身演奏音乐时展示了勇气和自信。运动员也是如此。此外，他们中的一部分人广受钦慕，反映出他们的领袖地位和潜在的优质基因。而过度自信则恰恰相反，表示你要么有所隐瞒，要么是一个自恋狂。

　　好消息是我们不是简单的机器，当设定好了程序，对着人的身体一通扫描，闻一闻体味，然后就采取行动了。性格（特拉利的每一朵玫瑰[3]都应知道）也很重要。某些品格特质意义重大。善良被证明会让一个人看起来更具吸引力。参与者应要求评价一组照片中的脸是否有吸引力。2 周后，他们对这些照片再次进行评价，但这一次其中一些照片得到了诸如"善良"或"正直"这样的评语。猜猜怎么样？那些得到了此类评语的照片相比第一次得到的评价更高。

　　这些研究进行得相当困难，因为我们每个人似乎都有自己的个人喜好。有人爱小脚，有人喜欢穿西服，也有人对光头一往情深。尽管如此，总有一些宇宙通行的特点是我们大多数人都会交口称赞的：均匀的肤色、柔亮的头发、良好的卫生习惯，此外还有女性 7∶10 和男性 9∶10 的腰臀比。这些似乎是放诸四海而皆准的，它们都被视为健康、年轻和优良基因的标志。但还是那句话，人格特质可以决定一切。的确有那么一个适合所有人的人。

　　那么挑选好了伴侣，接下来会发生什么呢？一系列研究都显示化学物质在其中扮演了重要的角色，在这个例子中，化学物质指的就是激素。在初期阶段，主角是睾酮和雌激素。它们会激发性欲。睾酮在女性体内也会产生，而且和在男性体内一样，会刺激性欲。雌激素也有类似的效果，但效果较弱。女性在排卵期性欲更强，原因可能就在于雌激素。

　　一旦吸引力起了作用，大脑中的神经递质就开始工作了，多巴胺、去甲肾上腺素和 5- 羟色胺[4]全都参与了进来。它们会激活奖励系统，且让我们食不知味、夜不能眠。20 世纪 80 年代有一首著名的歌《染爱成瘾》（*Addicted to Love*），它唱得很对："你吃不下。你睡不着。不用怀疑，你已深陷爱情里。……承认吧，你就是为爱着了迷。"事实上，我们就是对爱上的人成瘾了。这就是为什么我们没日没夜地盯着他们的动态页面，在雨里徘徊只为和他们见上一面，绝望地等待他们发来的一条短信，回家路上情不自禁地就往他们所在的街区走。他们就像海洛因。事实上，像海

3　《特拉利的玫瑰》（*Rose of Tralee*，又译《爱尔兰玫瑰》）是一首广为流传的爱尔兰民谣，歌中描写的美丽女人玛丽被喻为特拉利的玫瑰。作者此处用它代指女性。

4　又名血清素。

洛因这样的成瘾药物会产生如同恋爱的效果。它们强度一致，能带来一样的行为改变，我们一心想得到那个人，就像海洛因成瘾者一心只想要更多的海洛因一样。脑成像研究显示，堕入爱河的人只要看到心上人的照片，其大脑的奖赏中枢（尾状核）就像灯塔似的被点亮了。这和海洛因成瘾者看见海洛因时的反应一模一样。卢·里德（Lou Reed）唱得很对："今天是完美的一天，我很高兴与你共度。"

5- 羟色胺的出现也毫无意外。它是一种会导致强迫症的神经递质，迷恋成痴就和它有关。这所有的反应会反反复复地持续，迷恋阶段持续 1~6 个月才会作罢；也只能作罢，否则我们会陷入疯狂，整日什么事情都做不了，只知道呆呆地凝视那个人的双眼，或者做出从长远来看于己有害的决定。人类的进化必须保证它能停下来，如若不然，我们早就被剑齿虎[5]生吞了。

最后一个阶段是依恋，驱动此阶段的激素还有另外两种：催产素和加压素。催产素尤其重要。它有时也被称作"抱抱激素"或"爱情激素"。当我们对某个人产生依恋时，催产素也就产生了。这意味着我们与触发它的人有了联系。此外，我们会在性高潮后分泌催产素。哺乳期的母亲体内也会分泌大量的催产素以维系与婴儿的情感，而婴儿吮吸母亲乳房的动作又会刺激催产素的生成。这就形成了一个绝妙的前馈环路（feed-forward loop）。没断奶的婴儿让母体分泌出一种能够增进母子联系的激素，以此获得更多的母乳。你可以买一支催产素喷雾，商家声称喷上喷雾，就能令身边人对你产生依恋。对啊，这说不定还能让他 / 她突然想喝奶呢。

催产素还与忠诚有关。是什么让我们对配偶保持忠贞呢？心理学家认为人类属于"轻度多伴侣"（mildly polygamous）。多数人忠贞不贰，但也有人风流成性，原因有很多。在动物身上进行的最成功的一个关于多配偶（polygamy）和单配偶（monogamy）的研究实验当数田鼠实验。自从有人发现这两种高度近缘的田鼠（亲缘关系非常近，实际上你都无法通过肉眼对它们进行区分）竟然有着截然不同的行为模式，这些毛茸茸的小动物就被人拿来研究了数十年之久。草原田鼠，鼠如其名，栖息于开阔的大草原上，奉行一夫一妻制。它们会选择一个终身伴侣，而且显然从不出轨。而另一边的草甸田鼠，生活在植物更繁茂的草甸上，是只不折不扣的花心

5　剑齿虎是史前动物，其灭绝原因中有人类猎杀一说。

渣鼠。它们奉行一夫多妻制。在检测了它们的 DNA 后，科学家们有惊人的发现。它们在生成催产素和加压素（与催产素类似）的蛋白质的基因上有微小的差异。在单配偶的草原田鼠身上，这种基因会在它们交配后修正，使得此类蛋白质水平上升。由于它们大脑中有了更多的此类传感蛋白，因此单配偶田鼠能更强烈地感受到加压素和催产素的影响。

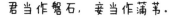

愿得一鼠心，白首不分离。

君当作磐石，妾当作蒲苇。

所以理论认为，草原田鼠会一再寻找第一个触发了它神经通路的伴侣，因为它们想要同样的"物有所值"。这就像它们在做爱时听了某首特别的歌，事后为了再次获得当时的感觉，就会想把这首歌一遍一遍地循环。惊人的是，此类激发单配偶现象的传感蛋白浓度可以被人为提高。也就是说，你可以通过调节大脑中的蛋白质含量水平，控制你的忠贞程度。其含量越高，你的忠诚度也就越高。

部分科学家认为酒精会抑制这一神经通路。这也许在一定程度上解释了为什么醉酒之人会更容易"偷吃"，原因是受了酒精挟制的加压素 / 催产素受体蛋白让他们这么干的。如果东窗事发，你可以试试这么跟男友解释。研究还发现，酒后看谁都美的"啤酒眼效应"（beer goggles）是存在的，对女性来说尤其如此。醉酒后，我们会觉得别人更美了，自己也更美了——这是自恋到了极致。于是我们一边向未来的伴侣吹嘘自己有多棒，一边还认为这次搭讪是明智的。这当然会后患无穷。

也许有个办法可以测试你眼下这段关系能否存续，那就是检测一下你潜在伴侣的加压素和催产素受体的类型。另一个可供检测的基因是 5-羟色胺转运（serotonin transporter）基因。记住，5-羟色胺是一种快乐的神经递质。同时它能使我们沉迷于爱情。它在大脑中管控情绪、焦虑和快乐。改变情绪类的违禁药物，比如"摇头丸"[6]，其作用原理就是大幅提高脑内的5-羟色胺水平。但在胃肠道内合成的5-羟色胺水平是多功能的，除了有调节肠道运动的功能，还能促进血液凝结，增强骨密度。5-羟色胺转运体（负责将5-羟色胺从体液中排出）有两型：长型和短型。如果你的是短型的，那么从长期来看，你对婚姻的满意度很可能低于那些拥有长型的人。研究人员在长达13年的时间里对超过150名成人进行了研究和评估。他们在实验室中观察参与者与伴侣的交谈方式：面部表情、话题和声调，并从中评估参与者对婚姻的满意程度。科学家们发现……

未来会是什么样子的呢？也许有一天，大量的特质和遗传标记都会被放进算法里，然后程序会为你找到一个完美的伴侣。在线交友将会变得更高端。如果你给自己喷上9号爱情香水，你的心愿就将会更快达成。不过，找对象这件事，还是跌跌撞撞来得更有意思吧？你相信一见钟情吗？没错，我相信它建立在睾酮、5-羟色胺转运基因、排卵期和7 ： 10 的腰臀比上。

6　一种迷幻药物。

第四章

当精子遇上卵子：关于繁殖的科学

男性 也许会因为
无法出生
而成为 某种意义 上的
濒危物种。

在上一章中我们看到了，吸引力科学所讨论的就是种种经传导而被感受到的形迹和信号，它们试图把我们撮合到一起。其目的很简单，就是让我们交配，然后生养后代。这一切进进出出（只是个比方）、迂回曲折的背后，显然是一套高度复杂的体系，没有了它，我们人类早就灭绝了。所有的这些磨炼、苦难、忧虑和谋划都是为了这一件事：让小得不能再小的精子里的 DNA 和小得不能再小的卵子里的 DNA 融为一体。可是，我们在这里要告诉大家的是，这个机制让作为物种的我们繁衍了至少 20 万年。在积年累月间，那得需要多少精子、多少卵子啊！

对一些动物来说，这绝非易事。就拿熊猫来说，在成年之后，这些可爱的黑白动物都是独来独往的，极少会遇到另一只熊猫。即便是这样，研究显示，它们甚至可能都不愿费力气去交配。雌性熊猫每年春天只有一次发情期，前后持续 12~25 天。但在那段发情期里，它实际的排卵时间只有 24 小时——整整一年中只有 24 个小时。那么是谁发明出来的？它们作为一个物种是怎么活到今天的？所以即便让一只笨拙可爱的雄性熊猫遇上了一只雌性熊猫，也可能会错失掉那 24 小时。

这是野外仅存约 1600 只熊猫的一个原因，同时也是人工繁殖面临的一个挑战。即便动物园里的饲养员们创造了一个完美的环境，竭尽所能地为熊猫们创造出自然栖息地的环境，为它们准备浪漫的晚餐，播放巴里·怀特的音乐，但它们就是不愿意燃起爱意（Let's get it on）——借用马文·盖伊（Marvin Gaye）[1] 的不朽名言。饲养员们注意到它们似乎对应该如何进行那件事毫无头绪。他们甚至让它们尝试了壮阳药，但依然无果。1972 年，为了纪念尼克松访华，两只熊猫被送到了华盛顿国家动物园，但此后的 10 年里，它们一次都没有交配过。

现在，熊猫繁殖的主要方式是人工授精。这是它们在今天的世界里不属于优势物种的原因之一。一只熊猫也可能吃饱后发射精子并离开，但这是罕见的，受孕的概率也很低。但如果它们真的完成了交配，那么精子和卵子结合形成受精卵的可能性有多大呢？还是那句话，概率很低，可能比我们人类的要低得多，而人类在黄金时期的受孕概率约是四分之一。

这就是那一刻：挑选的衣服、在音乐震天响的派对上徘徊、发不完的短信、猜不完的对方的心思，所有这些暧昧游戏里的烦恼和快乐等待的就是精子终于与卵子相遇的那一刻。一旦精子将自己的 DNA 注入卵子，与来自母体的 DNA 结合后，就死了。现在这个完成了受精的卵子，从起初一个单独的细胞开始分裂，变成两个细

1　美国著名歌手，黑人流行音乐史上的超级巨星，*Let's Get It on* 是他的代表作之一。

胞，然后继续分裂，如此类推，直到成为一个发育健全的胎儿。其中有意思的是细胞开始分化的时候，它们有些组成了你的大脑，有些组成了皮肤，有些进入了肝脏，有些进入了血液。终于，组成你身体各部分的细胞都一一就位了。记住，每一个细胞都带有完整的 DNA，因为从受精卵开始，细胞的每一次分裂都是半保留复制。

快来吧，小宝贝儿。

　　细胞为什么会分化，是因为存在这样一种特别的基因表达：神经元会激活那些说"我是一个神经元"的基因，而关闭那些说"我是一个肝细胞"的基因。反之亦然。试图理解细胞分化的工作原理是一个非常活跃的研究领域。至今我们也还只是对它一知半解。但由于你体内每个细胞都有全套的 DNA，所以理论上，它们中任意一个都有可能成为另一种类型细胞的潜力。这就说到了干细胞的基本工作，它尝试"拿来"。比方说，尝试提取一个皮肤细胞，将其重新编码成一个像受精卵一样的细胞，然后让它进一步分化成神经元或任何你需要的特殊细胞。这尚未完全实现，但在未来，我们有可能会用它生成一个新的肝脏来替换旧的，或者培育出神经元可以修复受损脊髓。

　　一直以来，卵子如何受精都是一个备受关注的研究领域。这主要用来帮助有生育困难的夫妻。但令人不安的是，有证据显示包括美国在内的许多国家，男性的精子数量正在减少。精子如何令卵子受精，而精子数量过低又会带来什么后果呢？

　　很少有电影会以精子为拍摄题材，让男演员打扮成精子模样的就更少了，但伍迪·艾伦（Woody Allen）拍了一部名为《性爱宝典》（*Everything You Always Wanted to Know About Sex*）的电影，并在里面扮演了一个即将被发射出去的精子。

在他和精子同伴们一起等待的时间里，他惯常地神经兮兮，并开始焦虑起来。他听说有些人（指精子）一脑袋撞到了硬硬的橡胶墙上。他越来越担心了："要是那人自慰怎么办？我岂不是要待在天花板上了？"这是伍迪认为的一个精子会有的想法。当然了，精子长得不像伍迪·艾伦，更不会思考，但如果它们会，也许伍迪是对的。

男性的每一次射精，精液量平均有 10 毫升，其中包含多达 3 亿个长约 50 微米的精子，它们在乳白色的精液里游动，全都游向它们共同的目标——卵子。摇滚乐团 10cc 的取名灵感也许就是从这来的（cc 即西西，1 西西 =1 毫升）。性行为的首要任务就是让其中的一个精子与卵子结合并使其受精，从而将其 DNA 注入卵子。每一个精子都无比神圣，但有价值的只有一个。

对一个精子来说，要与卵子相遇并结合，机会渺茫。它必须比其他同伴游得快，胜算是三亿分之一。精子要游过的距离颇为惊人。如果用一个人来打比方（好比伍迪·艾伦），相当于他要从洛杉矶游到夏威夷。这中间还需经历重重关卡。首先阴道液体呈酸性，这就和在醋里游泳一样。当精子到达子宫颈（子宫入口）时，幸运的话，会得到一种黏稠的分泌物的帮助。这种分泌物即宫颈黏液，精子可以借此从宫颈中滑行通过。接下来便来到了输卵管。许多精子根本到不了这一步。它们不是体力不支，就是傻傻地跑错了方向。和它们的男主人一样，精子从不问路。只有五分之一的精子才能找对方向，感受到卵子暗送的化学信号。精子获取能量其实是靠消耗果糖而不是葡萄糖。这对它们来说是一种更好的燃料——一种功能饮料。精液富含果糖导致它的味道有点发苦（据说）。

　　有些精子还面临被拒绝的风险。女性体内有时带有抗体（一种免疫分子，负责吸附微生物并帮助免疫系统清除它们），它们会附在精子身上使其失活。这一类拒绝，男性是不知情的。最后就算精子进入了阴道，女性也还有这样一种别样的拒绝方式。男性对此浑然不知（这在男女关系中的许多方面都同样适用）。

　　等它们终于抵达有效射击距离内时，领头的那个精子就开始寻找卵子。对它来说，此时有一个好消息，那就是它后头不可能再有另一个男人的精子追上来了（可以这么说）。其他物种每次射出的精液中都含有一种物质，其可塞住阴道入口，不让之后的任何精子进入。人类的精液则没有这个东西，作为一个物种，我们的精子竞争强度属于中低水平。而多雄繁育体系（multi-male breeding systems）下的灵长类动物，它们的精液更有可能与雌性阴道形成交配栓或其他化学物质，用来杀死后来者的精子。这一点就证明了人类基本上是一夫一妻制的。

　　到了这一步，幸运的话，这名女性已经排好卵了。但如果精子们来得还不是时候，就可以四处去散散心，因为足够强壮。宫颈黏液为精子提供了舒适的环境，它们在这里可以存活个几天。它们可以度个短假，看看风景，好好准备下，等待卵子的到来。而暴露在外部空气中的精子，其存活时间只有数小时。

　　接下来，见证奇迹的时刻到了，精子将与卵子融合。但即便到了现在，还有一道叫作"透明带"的关卡，透明带是卵子外周一层坚硬的皮肤。但一旦这个精子穿过透明带，卸下它那珍贵的 DNA，有趣的事情就发生了：卵子会谢绝其他精子的进入。这意味着另一个精子再也无法进入卵细胞了，并且受精卵有了正确的染色体数目。尽管精子和卵子的融合是整个受精过程中的关键（也是人类得以延续的关键），但其确切原理是最近这些年才被破解的。

2005 年，日本科学家冈部（Okabe）正在研究散布于精子表面的蛋白质。这很可能是受精过程的关键，因为某些蛋白质尤其擅长识别其他蛋白质，它们就像那把能旋入锁头的钥匙。这是因为蛋白质们有着高度复杂和多变的三维形态，因此才能各显神通。蛋白质有点像橡皮泥，可以被"捏"成各种形状。也许一个不同的形状就意味着一个不同的功能。冈部发现有一种蛋白质在受精时起到了关键作用。他找到了精子表面的钥匙。这把钥匙可以找到位于卵细胞表面的那把锁，而缺少这种蛋白质的精子无法完成与卵子的结合，所以这应该就是答案了。

鉴于日本文化中浪漫主义的长盛不衰，冈部将这种蛋白质命名为"Izumo"（日语意为"出云"），其来源于日本主持婚姻的"出云大社"。有趣的是，Izumo 蛋白只有在身处宫颈的酸性环境时才会出现在精子表面。精子感受到该环境中的酸性后，会向基因传达信号呼唤 Izumo 蛋白，随后会合成 Izumo 蛋白并将其送到细胞表面。这就是一则在生物化学中被称为"信号转导"的案例。酸性环境引发了精子内部的信号转换，随后又促成了 Izumo 蛋白的产生。这显然是一个非常高效的办法，如果不需要，Izumo 蛋白就没有表达的必要。

冈部删除了小鼠关于 Izumo 蛋白的基因后（删除基因并观察后续影响在现在已经变得相对简单了），雄性小鼠变得不育，而雌性小鼠不受影响。这证实了他的整体发现。没有了 Izumo 蛋白的精子仍然能抵达卵子，但它们没办法进入卵细胞。它们不能将 Izumo 蛋白这把钥匙插入卵子的门锁，然后将门打开让自己的 DNA 进去。终于，这个进入卵细胞所需的特殊蛋白质被找到了。

但它识别并插入的是卵细胞上的什么呢？Izumo 蛋白这把钥匙对应的那把锁是什么呢？由加文·赖特（Gavin Wright）带领的一支英国研究团队就在研究这个问题。不同于精子（要得到它非常容易，因为大多数青春期男性都会有一大堆多出来的），人类的卵子要珍贵得多，提取也要难得多，因此要找到那把锁并不容易。而且精子刚碰到卵子就迅速地钻了进去，Izumo 蛋白和卵子蛋白质的互动转瞬即逝。这加大了捕捉的难度。但有赖于团队的坚韧和勤勉，他们找到了它。

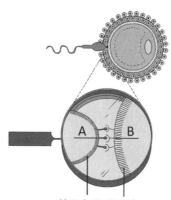

精子表面 卵子表面

　　他们用 Izumo 蛋白当饵，在一组蛋白质上试图钓出那把锁。结果那个蛋白质在14 年前就已经被发现了，但是在一个完全不同的研究背景下，一直也没有人知道它的功能。赖特在发现它的功能就是连接 Izumo 蛋白后，马上为其取名为 "Juno"（朱诺），即罗马神话中的婚姻与生育女神（科学家们都爱显摆他们的知识）。Juno 这个名字或许为肖恩·奥卡西（Sean O'Casey）[2] 的戏剧《朱诺与孔雀》赋予了全新的含义。

　　Juno 蛋白只能在未受精的卵细胞表面被找到。一旦有一个精子用 Izumo 钥匙插入卵子的 Juno 锁，开门入内，其他所有的 Juno 锁就会立马从卵细胞表面消失。这就解释了为什么其他精子无法入内。Juno 蛋白是将精子迎进门的那把锁，而一旦有一个精子进去了，像变魔术一样，所有其他的锁就也不见了。Izumo 蛋白和 Juno 蛋白似乎是分子中的亚当和夏娃，它们的发现意义重大。首先，它们中的任何一个受损都有可能导致一些夫妻无法生育。其次，科学家们想通过干预二者的连接，开发一种新的非激素的避孕方法。这种避孕方法也许会更受一些女性的欢迎，而如果能通过某种办法覆盖或阻断 Izumo 蛋白，那么它又将成为一种可行的男性避孕方法。

　　于是现在精子到了卵细胞内，它的 DNA 即将与卵细胞的相融合。这里有意思

2　肖恩·奥卡西（1880—1964）是爱尔兰剧作家。《朱诺与孔雀》（*Juno and the Paycock*）是其以都柏林为背景创作的三部曲之一。

的地方就在于，在我们体内的所有细胞中，精子或卵子是独一无二的。所有其他细胞的 DNA 都含有 23 对染色体。而精子和卵子内的染色体只有 23 条。当含有 23 条染色体的卵子与含有 23 条染色体的精子相结合，染色体数量就重新回到了 23 对。随后它们开始复制，分裂出各含 23 对染色体的两个子细胞。当发育阶段进行到该形成精子和卵细胞的时候，这类特殊细胞只会保留其中的一组染色体。这是精子、卵细胞的特性，因此它们有"生殖细胞"的美名，而英语单词"germ"其实就是"胚芽"的意思。

受精卵有性别之分，这取决于精子。若为男性，则它有一条特殊的染色体叫"Y 染色体"。这就是说与这个卵子结合的精子是一个携带 Y 染色体的男性精子。如果受精卵是女性，那么使卵细胞受精的就是女性（携带 X 染色体）精子——你肯定不知道精子还有女性的吧。这表示在男性体内，存在 X（来自女性卵子）染色体和 Y（来自男性精子）染色体，而女性则有两个 X 染色体，分别来自女性卵子和女性精子。这就完全地决定了宝宝是男是女。这一切就藏在小小的受精卵中，它蓄积着巨大的潜能，终将发育为成熟的个体。

新生儿中男孩总是会稍微比女孩多那么一点，比例为 51 ： 49，个中原因不明。这可能是因为相较而言，男孩更容易被遗弃，而母亲至关重要，毕竟她是怀胎之人。可是近来出现的趋势令人感到不安。这个比例正在发生变化。加拿大的一项研究显示，那些暴露在如炼油厂、金属冶炼厂、造纸厂等污染源集中的社区，新生儿中女孩要多于男孩，颠倒了常态下的出生性别比。这可能是高浓度污染物导致的，这种污染物可能就是一种叫作"二噁英"的化学物质，二噁英曾被发现会对性别比造成影响。在俄罗斯和意大利进行的相关研究也证实了这些发现。导致性别比变化的，究竟是男性、女性精子比例的变化，还是男性精子在与卵子结合方面的能力下降，我们尚不清楚。这也可能是由于男性胎儿的流产率有小幅的提高。

另一项在日本进行的研究发现，男性胎儿对气候变化的影响尤其敏感。研究人员查看了日本从 1968 年到 2012 年以来的月度气温，其中出现过两次极端天气事件：一次是 2010 年的酷暑，另一次是 2011 年的严冬。酷暑过去 9 个月后，女性新生儿明显多于男性。同样，严冬过去 9 个月后，女性新生儿多于男性。看起来，由于某些未知原因，男性胎儿对极端天气要更为敏感。这预示着全球变暖的一个始料不及的后果是将会有更多的女性出生。男性也许会因为无法出生而成为某种意义上的濒危物种。

最后一个威胁来自男性精子数量的减少。研究人员评估了 185 份男性精子数量的报告，它们来自 1973 年至 2011 年间的北美、欧洲、澳大利亚和新西兰，其结果令人大为诧异——一次射精中精子的数量在不到 40 年的时间里似乎减少了一半。照此趋势发展下去，后果将不堪设想。而与此形成鲜明对比的是，在南美、亚洲和非洲这些地区并没有这种减少趋势。这就形成了一个优秀的对照组。

为什么数量减少只发生在西方工业国家，而没有发生在发展中国家或者亚洲的其他国家里呢？人们因而怀疑减少原因与杀虫剂、塑料等化工产品的使用，以及肥胖、吸烟有关。在没有经历男性精子数量减少的国家中，也有面临其中某类问题的，说明精子数量减少可能是几个因素的共同作用导致的，又或者数量减少只适用于特定的基因背景。有一项研究发现，可能是由于看了太多电视。每周看 20 小时及以上电视的男性的精子数量要少于那些运动 15 小时或更长时间的男性。人们普遍认为这是一个令人担忧的趋势，害怕人类会因此而灭绝。

某些活动能在瞬间减少精子的数量，因此在备孕的夫妇们拿到备孕指南后，指南会告诉他们，男人做什么或者不做什么才能够提高精子质量。另外，温度是很重要的方面。精子更喜欢凉爽的环境，所以男人坐倒在沙发里会因为无法让空气流通而有碍睾丸保持清凉。另一个忌讳是穿紧身内裤。留心了，如果这是真的，那全世界男人都应该像苏格兰男人一样穿短褶裙。长时间骑行也是万万要不得的，虽然原因还未明了。如此看来，一切保持适度肯定不会出错。它会让你有足够多的上乘精子去战斗，去播种。

精子数量减少的一个后果是欧洲人和北美人将走向灭绝。或者他们只好邀请亚洲男人来当他们孩子的父亲。万不得已时，还有最后一个办法，那就是人造精子。乍一听非常疯狂，但科学家们已经掌握了这项技术。如前所述，这一切都和干细胞有关，不要忘了，干细胞具有分化成体内任何一类细胞的能力，只要我们能编辑它们。胚胎干细胞是精子的来源。干细胞具备再生成任何类型细胞的潜力，前提是它们被引导到正确的方向。

一个来自中国南京的研究团队通过提取胚胎干细胞，制造出了"精子细胞"。所谓"精子细胞"即不成熟的精子，没有尾巴，但有能力令卵子受精。此前研究人员试图让细胞经历一个复杂的分裂过程，来达到仅保留一组染色体的目的，但并不成功。这个问题现在已经解决了，通过这种办法得到的"精子细胞"将被用于使卵子受精。实验用的是小鼠的卵细胞，而且值得一提的是，一窝健康的小鼠宝宝出生了。研究将在这个方向上继续推进，其中包括如何让成年干细胞回到造人之初。也许会有那么一天，一个经过重新编程的皮肤细胞能转化为"精子细胞"并使卵子受精。

可难道未来的世界是一个不再需要和另一半做爱的世界吗？趁他熟睡，你从他脚底刮下点脚皮，将里面的细胞提取出来，转化成"精子细胞"后，放进装有你卵子的培养皿中，让 Izumo 蛋白接触 Juno 蛋白，再将它置入你的体内，然后等待 9 个月后生出一个可爱的宝宝？这种提取精子的方式似乎不如传统的那种来得有意思，不过也不失为一个备选。

但是如果气候变化和污染问题没有得到遏制，那么精子数量必将下跌不止，男女比例失衡问题也会日益严重。我们或许会生活在一个怪异的世界里，那个世界没有男性，子孙满堂也不再依赖于男女交欢（对象很可能是机器人）——一个信息世界。即使未来男性依然存在，但由男性提供精子的必要性或许已经不存在了，说不准那是一个更美好的世界。不过，还是让我们祈祷这种事情不要发生吧，毕竟多数女性也同意，有男人陪在身边一起打发时间也是不错的，甚至有时他们也能派上用场。男人和他们的精子，还不能死。

第五章

爱尔兰的妈妈们做得对

"虎妈式教育"也许在被领养的孩子身上并不会产生太大作用，至少在智商方面是这样的。

自打智人存在之初，为人父母者就被这个问题困扰。自从知道自己受孕的那一刻起，当妈妈的便开始因为这个问题感到焦虑。老师们很担心，那些叱咤政坛的人物也同样忧心忡忡：怎么做才能给我们的孩子一个美好的未来呢？作为家长，我需要怎么做才能确保我传递了正确的信号、做了对的事情，让我的孩子能出落成一个有出息的人呢？书店书架上的育儿宝典摆得满满当当，牢牢吸引住了人群中那些焦头烂额的父母的视线。广受青睐的理论告诉我们应该怎么做：要听莫扎特、要下象棋、要用牙线。但还是那句话，科学会怎么解释呢？为了确保给孩子带去的是幸福，他们能健康长大并过上充实的生活，我们所知的最好的办法是什么呢？

这一切都归于天性吗？一个人成功与否是由基因决定的吗？我们要做什么，才可以改变那些命中注定的事呢？抑或是后天的培育发挥了更重要的作用？我们可以帮助孩子成长吗？任何人只要有机会，就都可以成功吗？关于这些问题，教育工作者、教育学家已经激烈交锋了数十年，并由此诞生了各种各样的理论，但其中不少是"坏科学"，充斥着偏见，或者采用了不科学的实验方法。（我喜欢"教育"这个词，《韦氏词典》中对教育的定义是"与教授行为相关的艺术、科学或实践活动"。我喜欢教授教育学者。）

假设，我们认为基因起着决定性作用，那何苦要教育那些有错误基因的孩子呢？一个处处平等的教育体系或许看着不错，但如果成功与否已经由基因预设好了，这个体系就注定会失败，因为不同的孩子有不同的需求，所以教育应该是因材施教的。这当然很难做到，因为金钱和时间都不允许，但越来越多的证据表明应该将它作为教育系统的目标。每一个个体要基于自身的能力，找到适用于自己的方法来接受教育。

为什么要在一个没有节奏感的孩子耳边打鼓呢？事实可能是遗传和环境协同作用的结果，或者更准确地说，先天基因经由后天环境培养发挥了它的作用。一个人的基因组成可以通过将他放在特定的环境中培育显现出来。如果培养一个有击鼓天分（先天因素）的孩子成为鼓手，你就将是一个成功的老师。孩子可以在击鼓中获得快乐和满足，当父母的自然也能心满意足（只要给孩子的房间做了隔音处理）。孩子自带的击鼓天分只有在老师的启发下才能显现——先天经由后天起作用。但我要说明一下，成就一个优秀鼓手（正如其他一切复杂的特质）的确切基因基础，我们还不得而知。我们应该从林戈·斯塔尔（Ringo Starr）、基思·穆恩（Keith Moon）和拉里·马伦（Larry Mullen）[1]身上提取些 DNA 样本才行（为此可能要对逝者不敬了）。

---

1 三人均为著名鼓手，分别是披头士乐队（The Beatles）、谁人乐队（The Who）和 U2 乐队的成员，其中基思·穆恩已于 1978 年离世。

　　另一个绝佳的类比是小汽车。比方说我们都是小汽车，但引擎各有不同，有些更高效，有些则不然。所有小汽车都烧汽油。虽然烧的是同样的汽油（这个后天因素令它们得以跑起来），有些车子就是会比其他的跑得更快（引擎这个先天因素起了主导作用）。所以回到那句话，先天经由后天起效——引擎会以你给它选择的汽油为基础来凸显自身。因此对于不同的小汽车来说，环境是至关重要的。它可以指汽油，也可以指路况。如果路况恶劣，小汽车就哪儿去不了，不管引擎如何加足马力，所以人们拥有的基因很重要。它们铸就了大脑（沿用前述比喻的话，基因相当于引擎的零件清单）。但要让汽车发挥效用，环境的重要性不可忽视。这意味着我们得时刻思考孩子的成长环境，包括家庭环境和学校环境，因为想要让所有人都拥有机会实在是任重而道远。

　　但是，以重要性来说，先天和后天各自占多大比重呢？关于成功，学术界争论纷纷，此时伦敦国王学院罗伯特·普洛闵（Robert Plomin）的一项双胞胎研究，更是雪上加霜。惊人的是，这项研究发现英国学校里孩子的学业表现更多地与其遗传特质相关，而非其所在学校的教学环境。研究显示，在我们有多聪明这件事上，58% 要归因于基因，42% 来自学校教育。这是一项重要的研究，它告诉我们不管学校有多好，孩子的先天遗传在其学业表现上发挥着更重要的作用。

　　普洛闵是研究遗传因素对智商（IQ）的影响的世界级专家，智商是由法国心理学家阿尔弗雷德·比奈（Alfred Binet）首次提出的智力衡量标准。几项研究均显示，被领养的孩子的智商与其亲生父母相关，而非养父母。"虎妈式教育"（或者"爱尔兰妈咪式呵护"）也许在被领养的孩子身上并不会产生太大作用，至少在智商方面是这样的。孩子还小时或许此方法还能小有成效，但随着年龄的增长，他们的智力水平会越来越向他们的血亲靠近。因此当人日渐成熟时，基因的力量就会越发显著——高达80%的比重。这也许是因为随着年龄的增长，真实的智力水平就会显现，同时他们也会选择结交志趣相投的朋友。于是，父母的影响逐渐减弱，孩子基于基因的真实能力便凸显出来了。

每一个小学生都是个体

《美国学校董事会（月刊）》在1922年刊登的一则漫画，揭示了根据智力测验结果对小学生进行分类存在的问题。

　　普洛闵是怎么进行他的实验的呢？这个问题至关重要，在心理学中，实验设计就是一切。有大量的研究结果并不准确，就是因为实验中掺杂了反常现象导致实验过程控制不佳或者研究样本太小导致结论具有片面性。普洛闵的实验样本量很大，他的考察范围是超过一万组双胞胎在英国普通中等教育证书 GCSE 中的成绩。如此大的样本量足以得到一个可以反映真实状况的平均结果。这么大的数字完全可以消除所谓的混淆变量（confounding variables），即某些人在你可能不知情的情况下所做的事。普洛闵因此可以证明在英国普通中等教育证书中 58% 的好成绩是遗传主导的。学校各有不同，但不管是哪所学校，双胞胎们的表现总是惊人的相似。

　　这项研究结果和英国的教育观念大相径庭。大多数教育工作者认为，向所有孩子教授一样的课程可以达到消除任何遗传优势的目的。实际上，这只会使之变得更为显著。让我们再思考一下汽车引擎：为所有小汽车加一样的汽油（就像完全相同的教育），只会更加凸显各个引擎的差异。但是，考试中的好成绩主要衡量的是与智商相对的学习表现，因此不能真正捕捉到智力的基因基础。这是关键，因为事实上人与人之间的智力差异是很小的。这是研究人员在观察了遗传性智力迟钝者后得出的结论，智力迟钝者在智力上与普罗大众有较大差异。这让智力遗传性研究陷入了困境。

　　此外，智力如何定义本身也绝非易事，但这些困难并没有阻止科学家们意图寻找能够预测出智力或考试成绩的基因的脚步。智力测验是一个办法，但它只能代表一类测试。举例来说，好记性可以帮助你提高考试成绩，或者让你看起来很聪明。但音乐感受力，或者解读他人情绪的能力，有时也被视为智力的重要指标。此外，解决问题的能力在很大程度上也是由基因决定的，因为在此项能力的测试上，同卵双胞胎（受孕时受精卵一分为二，形成两个胚胎，因此在基因上它们几乎是一模一样的）进行测试得出的结果比异卵双胞胎（受孕时两个卵子分别受精，所以其基因的相似情况实际上和普通的兄弟姐妹无异）的要为相近。但此类能力仍然存在难以定义和衡量的问题，有些心理学家对这些测试提出了疑问，因为它们会受到文化、教育和经历的影响。大多数的智力测验检测的是数理和语言能力，因为它们更易衡量。

　　真到了我们确切地找到那个决定智力高下的基因基础的那天，焦虑的产生不可避免，我们将进入奥尔德斯·赫胥黎（Aldous Huxley）笔下的那个美丽新世界，社会顶端是阿尔法 (alphas)，底层是半白痴的埃普西隆（epsilon-minus semi-morons）。[2]谁愿意自己的孩子成为那个半白痴的埃普西隆呢？但它能让我们对每个孩子都因材施教。这意味着教育的真正目的是让每个孩子获得成长，获得尽可能完满的一生。这将在每个人身上得到实现。乐见其成的科学家们提醒我们审视过去，由于我们在这方面的无知曾造成过多可怕的伤害。过去我们一度将自闭症的形成归咎于父母的教育，但实际上自闭症的形成 90% 是由于基因问题。那些父母不仅要照顾孩子，还要面对他人的责难。注意缺陷多动障碍（ADHD）也是一样，当时人们认为那是父母养育不当，或让孩子喝了过多的高糖饮料造成的。但我们现在知道注意缺陷多动障碍在很大程度上是由于先天问题引起的。

此外，普洛闵的实验还证明了环境因素的重要性，其占比高达 42%。这说明教育环境越一致，就越能凸显基因（而不是有钱爹妈）的重要性。这也有隐患，因为让所有人接受相同的教育体制同样会催生赫胥黎《美丽新世界》里的那些阿尔法、贝塔、伽马、德尔塔和埃普西隆。无差别的教育实际上会加大基因带来的差别。在爱尔兰、英国，乃至许多其他国家的教育环境中，金钱仍然很有分量。父母们都希望把最好的给自己的孩子，所以只要可以，就都愿意在孩子的教育上砸钱。这也无可厚非。但在一个理想的世界里，教育应该是免费的。"教育，教育，教育"，这个口号是列宁提出的。苏联向大众提供免费教育，对老师和教授均尊崇有加。

所以我们可以预测一个孩子长大后的发展境况吗？近来的研究显示，高智商并不意味着孩子日后会有高成就。有一个著名的研究[3]是由斯坦福大学的心理学家刘易斯·特曼（Lewis Terman）启动的。他在加利福尼亚州招募了 1528 名高智商儿童，对他们进行随访，发现他们中很多人在后来的确取得了很高的成就。这个实验对象群体被称作"特曼人"（Termites）。他们发表学术论文 2000 篇、提出专利申请

2　奥尔德斯·赫胥黎，英国知名作家，创作了长篇小说《美丽新世界》（Brave New World）。故事背景设定在未来的 26 世纪，人在出生前就被划分为五等，从高贵到低贱依次为"阿尔法"（α）、"贝塔"（β）、"伽马"（γ）、"德尔塔"（δ）、"埃普西隆"（ε），最底层的埃普西隆智力低下，终身从事劳力工作。

3　研究名为"天才的遗传研究"（Genetic Studies of Genius），也称"特曼资优研究"（Terman Study of the Gifted），是一项自 1921 年开始的追踪研究，至今仍在进行中。

230 项、发表小说 33 部，平均收入是全体美国人的三倍。但情况并不容乐观。他们中有四分之一的人并没有一份体面的工作，收入微薄，学术产出也没能达到足以使其称得上知识精英的地步。此外，没有任何一个"特曼人"成为企业家或"财富创造者"。这说明智商并不像人们以为的那样是一个优良指标，自然它也无法预言谁是下一个推动创新和经济发展的人。借用爱尔兰经济学家大卫·麦克威廉斯（David McWilliams）的话："班里那些坐最后一排的捣蛋鬼，才最有可能成为企业家和生意人。"

但是，环境的重要性体现于社会经济地位在孩子未来的成功道路上所扮演的关键角色，这方面的佐证已经无处不在。事实上，研究人员重新审视特曼的研究时发现，社会经济地位与成就的相关性已经超过了智商与成就的相关性。接触电脑或书本较少的孩子，在学业中自然表现得更差。在给予正面激励的家庭中成长的孩子更有可能成为企业家、领导人，或在艺术领域获得成就。但这也可能是因为，这些成功者的父母拥有使他们能营造令人振奋的氛围的基因。这种基因后来又被他们传递给了孩子。所以追根溯源，基因依然是关键的一环。但那些在 5 岁前没有从父母或看护人那里得到日常照抚和双向交流的孩子，将面临社交和情感发展上的阻碍。

语言能力的习得尤为重要，一旦延误，可能会引发一系列灾难性后果。语言能力的发展可以加速认知能力的发展，提高读写水平和文化程度。它也有助于大脑的其他部位的发展，而不仅局限于语言功能区，因此早期的教育干涉颇为关键。但我们仍需小心应对这个过程。回到小汽车的类比中，所有汽车都需要燃料和维护，不管开了多少年，孩子的教育也是同理。只要环境允许，良好将迈向优秀，优秀将迈向卓越，最终就会水涨船高（唉，好好的汽车比喻被我带到船上去了……我犯蠢了）。

你或许已经想到了，事情远没有那么简单。孩子也许有了天赋和最好的父母，但他们还需要所谓的"专注练习"（focused practice）。各行各业的顶尖人才无一不在持续不断地磨炼自己。这就不得不说到马尔科姆·格拉德威尔（Malcolm Gladwell）提出的"一万小时定律"了——成功者在成功前至少要付出一万小时的苦练。披头士乐队在汉堡时是这么做的，比约恩·博格（Björn Borg）在瑞典时也是这么做的。当然，任何能没日没夜地练习网球的人终有一日会成为网球冠军（也可能先发了疯）。

那么问题来了，为什么有些人能比其他人花更多的时间在练习上呢？咄咄逼人的家长自有其功劳，但更关键的特质是坚毅（grit）。坚毅，即咬牙将事情坚持到底的意志力。它包括勤奋吃苦及抗干扰的能力。那是什么让一个人坚毅起来的呢？坚毅部分源自动力。如果参与智力测验有金钱奖励，那么人们测试的得分会更高。所以智力测验测量的不仅是智力，还包括动力。

坚毅也意味着自制，而自制力是未来取得成功所必需的一种能力。新西兰进行的一项实验中，实验对象覆盖了从出生到 32 岁的 1000 个人。其结果显示那些在童年时自制力更强的人，成年后也有更稳定的情绪，以及更良好的财务状况。我记得 10 多岁时，在 6 月一个温暖的晚上，我进房埋头读书，而我的小伙伴们在外面踢足球。我其实很想去踢球，但意志坚定，扛住了没去。我也不知道当时为什么会有这个意志力，而且想当然地觉得一定是妈妈的错，但现在我想我的朋友们都"闯祸"了。

心理学家沃尔特·米舍尔（Walter Mischel）做过一个著名的实验，深刻阐释了自制力的重要性。20 世纪 60 年代末，他给作为实验对象的幼童两个选择，一是可以立刻吃掉眼前的那块棉花糖；二是现在不吃，等上 15 分钟，他们可以得到两块棉花糖。多年过去，他发现那些能坚持等待的孩子在学校中的表现更好，在同龄人中更受欢迎，体重超标的可能性更小，收入更高。这种抵御诱惑的自制能力，对一个人的未来有着极大的预测价值。在实验中，约有 30% 的孩子抵挡住了诱惑。他们尽可能地转移自己的注意力：在房间里来回走，唱《芝麻街》的主题曲，双手捂住耳朵，躲到桌子底下，等等。

15分钟后吃有奖励.

有 653 个孩子参与到实验中，这对这类研究来说是一个合理的样本量。实验过去 14 年后，当年的实验对象只要还能追踪到的，米舍尔都进行了寻访。他一一询问，获取他们的 SAT（美国大学入学标准化考试）分数，以此判断他们的学业表现和处理问题的能力。那些当年很快把糖吃了的人 SAT 成绩不佳，人际交往受阻，同时有更多的行为问题。而那些等了 15 分钟的孩子的 SAT 成绩比那些没有等的孩子平均高出 210 分（这是很大的分差）。

这个结果令人吃惊，因为这时距离当年的棉花糖实验（仅耗时 15 分钟）已经过去了 14 年。一个 15 分钟的实验就能预测一个孩子在日后面临的各种各样的复杂境况。米舍尔将实验结果准确无误地归结为四个字——延迟满足。他总结道，智力固然重要，但起决定性作用的是自制力。在这个案例中，自制力与其说是体现在那些孩子不提早吃上，不如说是他们能意识到将来能得到什么（15 分钟后会有两块棉花糖）并琢磨出了可行的策略。所有的孩子都希望得到第二块糖，但有些孩子想到了办法。（另外，有人会说，"这个测试对我不管用，因为我讨厌棉花糖，所以会等到最后，然后一口都不吃，让测试员着急。如果是巧克力棒的话，那我一刻都不能等"。）

研究结果也印证了心理学家们多年来的认知：我们无法控制世界，但可以尝试控制自己的思考路径。米舍尔总结说其中的关键技能就是对注意力的策略性分配。

孩子们并没有消除对棉花糖的渴望，而是战胜了它。他们将心思从棉花糖上转移开了。心理学家们将其称为"元认知"，意为对思维的思考。正如米舍尔所说，这已经不是棉花糖的事了。它代表了一系列技能：去学习而不是去踢球，为了退休生活做好储蓄。这无一不是明智之举。

同样重要且令人惊讶的是，孩子的自制力是一项可以习得的能力。在美国，有T恤上印着"不要吃那个棉花糖"，但要让孩子掌握心理策略，这还远远不够。他们必须在持之以恒的练习和提醒中，形成元认知的习惯。这时就该轮到家庭教育了。结果，我们在小时候不得不忍受那些最沉闷、最乏味的东西，比如吃完蔬菜才能吃甜品、用攒了很久的零用钱买东西，以及满心想要的礼物只能等到生日那天才能得到，这都是在磨炼我们的这项重要技能。

圣诞节就是一个绝佳的例子。你的爸爸会告诉你："只要表现好，你就会在圣诞节的早上拿到礼物。"这要是真的，那么只能说明它是一个巨大的骗局，但不失为一节人生课程。你要有十足的耐心，学会等待，并转移注意力，如此好事自然就会发生。忍受等待事实上是人类特有的品质。人们翘首等待救世主的降临，或许是另一个培养元认知的途径。圣诞节在悄悄地磨炼你我的元认知。就像丹・伯恩（Dan Bern）在《耶路撒冷》中唱的："所有人都在等待弥赛亚。基督徒在等待，犹太人在等待，穆斯林也不例外，似乎所有人都在等待。等待的时间如此漫长……我不由得想，他们每一个人得有多么心焦难耐。"

当然，我们还有塞缪尔・贝克特（Samuel Beckett）的《等待戈多》，它讲述了流浪汉一整天都在苦等戈多，而戈多从未现身的故事。它贴切地描述了人类的境遇。同时，米舍尔希望每个幼儿园在分发棉花糖时都附上使用指引："看这颗棉花糖。你不用急着将它塞进嘴里，可以再等一等，我来告诉你怎么办。"聪明的孩子会倾听、学习，最后得到两块棉花糖（或者是一份前途光明的高薪工作）。

自制力是可以习得的。当然总有一些人会比其他人要完成得更好，但它本身和遗传因素毫不相干。学习能力强（双胞胎研究显示这个品质与遗传有关）的人会做得比其他人更好。自制力也是帮助人们专注练习的基础。日后会成功的孩子大多能做一些自己并不喜欢的事情。他们不会敷衍地走个过场后就放弃了事。相反，他们总能明白事情的利弊，学习利用元认知能力帮助自己在生活的方方面面中获益。

　　这些听起来似乎太有条不紊、按部就班了。为了让我们对人性还能存一点希望，接下来我要讲到的最后一个成功特质，也是最令人意外的，那就是梦想。另一位心理学家埃利斯·保罗·托兰斯（Ellis Paul Torrance）跟踪研究了数百名富有创造力的高成就者，时间横跨他们上中学到中年的几十年。他们中有学者、作家、教师、发明家、企业高管，还有一人是作曲者。托兰斯发现他们有一个共同点，但那不是学业成绩或技术技能，而是一个打不倒的目标。他们恋上了自己的梦想，并终其一生热烈追梦。但是父母怎么鼓励这种事情呢？太难了，因为天赋这件事并不是显而易见的。最好的办法是多多鼓励他们身上出现的任何苗头，赞许他们的努力和进步，而不是聪明和天赋。他们的未来不仅取决于生物传承，也依赖梦想、努力和磨炼。

人如果没有梦想，跟咸鱼有什么区别？

　　一个孩子也许无法逃脱他的基因，但也许可以在父母的支持下学会控制冲动，学会练习和全身心地投入。他可以大胆做梦，勇于攀登；还可以等上 15 分钟，拿到两块棉花糖；也可以想他人所不敢想。这自不必说了，多年来爱尔兰的妈妈们不就是这么教育孩子的吗？

第六章

我就是我：关于性别和性取向的科学

第七子之第七子?

他一定非常
特别……

人们或许会意外，精子这种最有男人味的细胞居然也有雌雄之别。雄性精子携带Y染色体，雌性精子携带X染色体。这是没有争议的。正如我们在第四章中说过的，如果赢得游泳竞赛顺利抵达卵子的是雄性精子，那么将来出生的就是男宝宝。相反，若是雌性精子首先抵达终点，得到的便是女宝宝。换句话说，Y染色体上携带的信息能够控制我们熟悉的雄性特征的显现。缺乏这些信息则意味着将显现雌性特征。

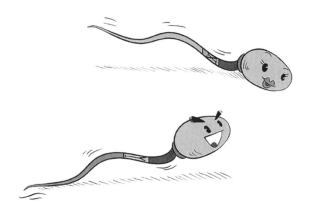

目前科学界尚待解决的一个问题是，若抛开显见的解剖学特征不说，男女在其他重大方面上是否有别。与此相关的一个问题是，决定一个人是异性恋、同性恋，或是处于性别光谱上其他任何位置的科学基础是什么。这是一个令人倍感压力的话题，因为科学家们常被指责在研究或数据解读上存有偏见。科学家可能确实心存偏见，毕竟他们也是人。但是，究竟是什么让人成为男人或女人，让人成为异性恋者或同性恋者？这是让很多人感兴趣的实实在在的科学问题。而我们至今没有得到明确的答案，这似乎有点不合常理。我在此也恳请大家放下成见，读完本章后再下定论也不迟。读完本章后，你心里的芥蒂可能会消除，也可能会变得更深——因为我的话惹恼了你。

首先，让我们看看性别的问题。曾几何时，这看起来再简单不过了。人类这个物种，几乎和其他所有物种一样（也有例外，比如通过简单分裂进行繁殖的无性别生物，以及自行交配的雌雄同体的生物）有男性和女性。男性通常毛发浓密、嗓音深沉、肌肉发达，此外还有睾丸，可产生精子并通过阴茎射出。在这些雄性特征中，有些功能很明显，比如产出精子；有些则属于次级特征，主要用于吸引配偶，比如深沉的嗓音和六块腹肌，它们被称为"第二性征"。当然也有些男性没有那么多肌肉或体毛（比如大部分的亚洲男性），在这里"光谱"（spectrum）这个概念就变得尤为重要了，但所有男性都有睾丸。而女性整体体格娇小、肌肉不多、嗓音尖细，有乳腺。乳腺能够吸引异性，并能分泌乳汁喂养下一代。此外女性还能排出卵子，怀胎生育。

到目前为止，一切顺利。但事情随后就变得复杂起来了。因为实际情况中人类的性别可谓千差万别。包容差异，是真正体现我们人性的地方。脸书用户一度可以有 71 种性别选项，包括无性别、顺性别、跨性别和多性别等。"男性"和"女性"只是这 71 个选项中的 2 个。这说明性别认同错综复杂，对很多人来说，仅仅将自己描述为男性或女性是不够的。我们无疑身处一个你中有我，我中有你的世界。

我们的祖母对此一定大为不解。但有些人在经历了变性手术后，就感觉如同脱胎换骨一般，这是一种激素治疗和手术的结合。在这方面，泰国是一个非常有趣的国度。泰国有一项选美比赛叫"蒂凡尼环球小姐大赛"（Miss Tiffany Universe）。在这个一年一度的选美舞台上，"女士们"着泳装、披华服，和其他选美比赛的参赛者无异，但只有一点除外："她们"曾经都是男儿身。这项比赛开始于 22 年前 [1]，目的是借此消除泰国跨性别群体身上背负的污名。目前在东南亚共有 10 万名变性女性。

1　指 1998 年。

性别认同是个人感受，是人们对自身性别的主观经验，而不仅仅以人的身体结构为依据。心理学家告诉我们，性别认同通常在 3 岁时成型，此后要想改变它就变得极为困难了。它背后的驱动因素颇为复杂。外部环境中的蛛丝马迹都可能成为驱动源，比如孩子会观察和模仿其所在环境中与性别相关的行为。与男性相关的行为特征包括果断、进取和好斗；而女性的则较为温和，并且女性更关注人际关系。此外，环境也可能包括性别特征，明显的有玩具和衣服，但同样起着作用的还有激素和基因影响。有些人同时拥有几种性别特征。比如，一个人有女性的生殖器官，但同时嗓音低沉、脸上长有胡须，这时候要用单一性别来指称他 / 她就未免有难度。有人统计了 1955 年至 2000 年间的文献资料，结果显示 100 个人当中就有 1 个人具有两性特征。

那么在科学上，关于性别的说法又是什么呢？抛开个人感受和主观经验不说，我们知道 Y 染色体决定了男性生理特征的出现，那具体是这个染色体上的哪个部分在起作用呢？这个基因的确存在，且只有一个，那就是 SRY 基因，它是促进生殖器官发育成男性生殖器官的信号。这个基因的存在开启了令人欣喜的所谓"男性化"的过程。女性身体中没有 Y 染色体，也就意味着不会开始这个过程。

此外，女性身体还会出现一种叫作"X 染色体失活"的现象：两条 X 染色体中的一条将失活，因为让两个 X 染色体产生两倍的基因产物是危险的。但人类可能产生有别于其性别的染色体组合，如有"雄激素不敏感"状况的 XY 女性。Y 染色体上的 SRY 基因发出信号后，雄激素（含睾酮的一类激素）负责驱动雄性特征的发育。对雄激素不敏感的人无法对雄激素做出反应，也就不会发育出相应的性征，于是 X 染色体占据主导地位，这类人群便成了女性。

另外还有体内产生大量睾酮的女性（从 XX 染色体角度定义的女性）。这可能是因为负责合成睾酮的蛋白质基因发生了变异，也可能是她体内的细胞对睾酮有较高的敏感度，所以使她发育出了男性的第二性征。

我们在第三章中看到的情况在近年来已经成为竞技体育的一个难题了。一项针对 2000 多名优秀运动员的研究显示，有 4.7% 的女运动员的睾酮水平实际已经达到男性的水平。其样本取自 2011 年至 2013 年世界锦标赛上的 2127 名优秀男、女参赛运动员。研究显示，在女子 400 米跑、400 米跨栏和 800 跑米项目上，睾酮水平高是一项显著的竞争优势。女性链球投手和撑竿跳高运动员的睾酮水平尤其高。运动锻炼的确可以影响睾酮水平：剧烈运动使其提高，而耐力运动则使其降低。问题就在于天然睾酮水平高的女性运动员是否应该因为所谓的"雄激素优势"而被禁赛。高睾酮意味着更发达的肌肉群和更强的耐力，也许还意味着她们受到更强烈的竞争意愿的驱动，虽然后面这个说法尚未被证实。

国际奥委会正在审视这个问题，像杜迪·昌德（Dutee Chand）和卡斯特尔·塞门亚这样的运动员则在等待最终的裁定结果。塞门亚在 2009 年世锦赛上获得了女子 800 米跑金牌，此前她曾被要求接受性别检测。她随后分别在 2012 年伦敦奥运会和 2016 年里约热内卢奥运会上再次斩获金牌。这里有一个问题，如果这些天然睾酮水平高的女性应被禁赛，那这条线该画到哪里呢？一个运动员是否应该仅因为拥有有利于赢得比赛的理想的身体条件就被禁赛呢?（有着特殊的上下身比例的游泳运动员迈克尔·菲尔普斯就是一例。）

但无论如何，可以肯定的是性别认同对许多人来说都是一个重要的问题，而这个问题仅靠生物化学还不足以解决。它的重要性还体现在国际人权法律中的《日惹原则》（Yogyakarta Principles）的建立上。人们正因其性别认同或性取向而遭受人权侵犯，鉴于此，在 2006 年印度尼西亚日惹市举行的国际法学专家会议上，专家们通过了这一系列原则。来自爱尔兰的人权专家迈克尔·奥弗莱厄蒂（Michael O'Flaherty）主持起草并修订了这些原则。原则覆盖的内容包括非歧视的权利，人身安全的权利（包括一项针对死刑而提出的原则：同性性行为在某些国家仍面临死刑判决），经济、社会和文化权利，意见和表达自由的权利，移徙自由的权利，以及参与家庭生活的权利。《日惹原则》在承认人类在性别认同和性取向上的差异方面，具有里程碑意义。

数千年来，关于性取向和同性恋的话题都是令人忧心的。古代的许多文化都对同性之爱避之不及，并对同性恋者广施刑罚。但在另一些文化中，比如古希腊，对此则较为宽容。史料记载的第一对同性爱人是生活在公元前 2400 年的古埃及人克努姆霍特（Khnumhotep）和尼安克克努姆（Niankhkhnum）。壁画中，这两名男子脸颊相对，鼻尖相抵。这是古埃及艺术中出现过的最亲密的姿势。生活在刚果（金）北部的阿赞德人，同性行为在他们的战士群体中非常普遍。在美洲土著文化中，同性者被尊为拥有特殊法力的巫医。古代中国的文学作品中，断袖、磨镜之爱也屡见不鲜。但也有一些文化和宗教，对同性恋深恶痛绝，将同性恋者视为异类。

同性恋在大自然中是一种常见的现象，而且它的存在很可能是社会性物种，比如人类进化出的一种优势。虽然研究者再次一致认为这是两者共同作用的结果，但和其他任何复杂的研究对象一样，针对异性恋和同性恋的科学研究同样沿两条主线进行：一是外部环境，二是生物学基础（例如，基因变异是否能解释整个物种中存在的所有性向差异）。迄今一个普遍的观点是，同性恋的产生有其生物学因素，但环境因素也在发挥作用，比如母体子宫内的激素水平或其他社会性因素。

首先，我们需要为它们下一个定义。异性恋，指的是产生或存在于异性之间的爱慕、性吸引或性行为。它也指一个人依据上述因素做出的一种性向认同。当上述感觉和行为发生在同性之间时，这种现象则被称为"同性恋"。显然，性取向也是一个连续性概念，同时能被异性和同性吸引的性取向被称为"双性恋"。

壁画中的克努姆霍特和尼安克克努姆。他们是古埃及的一对同性恋人。在古埃及，同性恋人关系是被广泛接受的一种关系。

性取向的影响因素之一和母体子宫的睾酮水平有关。如果出现对雄激素不敏感的状况，大脑也许就会走上不同的发育路径。比如，女性中异性恋者的男性化程度比同性恋者的要低。一项值得注意的研究显示，只需去除一个基因就可以将雌性小鼠从异性恋变成同性恋。这个基因有一个特别合适的名字叫 FucM[2]，主导小鼠大脑

2　这里暗指英文中的 Fuck（粗话，意为性交），M 在性别中是男性的缩写。

的雄激素水平。缺少这个基因的雌鼠会拒绝雄鼠的求爱，转而尝试与雌鼠交配。可惜这里没 FucK 基因[3] 什么事。

人们也花了大量精力试图找到一个"同性恋基因"，但至今未果。现在普遍认为不存在这样一个足以决定人类具有如此复杂特质的基因。但是仍有大量证据证明性取向存在遗传基础，这些证据主要来自对同卵和异卵双胞胎的研究。这些研究显示，如果双胞胎中有一个是同性恋者，那么同卵双胞胎中另一个也是同性恋的可能性要比异卵双胞胎的大得多。同卵和异卵双胞胎的比较研究具有重要意义，因为同卵双胞胎共享完全相同的基因型，而异卵双胞胎则不然。选择研究双胞胎是基于一个合理的假设前提，那就是双胞胎有趋同的成长环境，所以当同卵双胞胎同是同性恋者的可能性比异卵双胞胎的更大时，答案也就指向了基因。

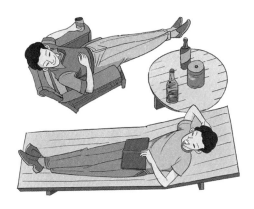

交谈甚欢的两兄弟，弟弟是否更有可能成为同性恋者吗？

但这个基因的基础是什么呢？研究已经发现与同性恋取向相关的基因位于第 8 号染色体区域，以及 X 染色体上的 Xq28 区附近，但进一步的研究仍在进行中。一个有趣的进展是，基因上被发现存在与性取向相关的标记（这种化学标记被称为"甲基化"），研究人员在同性恋者身上找到了 5 处，而异性恋者身上没有发现此类标记区域。这些标记可以控制基因的数量，也就是决定有多少基因可以得到激活。这涉及"表观遗传学"的领域，"表"即"表面"，内里基因是一样的（从 DNA 序

3　"FucK"是另一个真实存在的基因墨角糖激酶（fulucokinase）的名字。

列的角度而言），但它们外部的化学标记不同。研究人员据此进行的性取向预测，准确率可以达到67%。这已相当惊人，但研究还需重复进行。标记出现在那里的原因尚不得而知，或许和环境因素有关。如果精子或卵子中带有同样的标记的话，那么它们很可能会传递给下一代，使同性恋有遗传的可能性。

　　同性恋具有一定的遗传性并在整个种群中进行传播时，出现了一个值得思考的问题。那就是为什么这样一种以创造同性恋为目的的基因能在种群中持续存在呢，毕竟它将导致出生率的降低？同性恋似乎有悖于人类繁衍的基本需求。原因之一是这些决定性取向的遗传变异赋予了同性恋者一些异性恋者不具备的繁殖优势。有这么一项研究，其结果可为此结论证明。该研究显示，母亲那方有同性恋者的女性的生育能力更强，但由于某些未知的原因，如果该同性恋者属于父亲一方则不会出现这种效果。它背后的理论是：携带该基因的若是男性，那么他将成为同性恋者；若是女性则不会成为同性恋者，相反她还可能具有更强的生殖能力。

　　第二种解释是男同性恋者更有可能成为兢兢业业的舅舅。他们竭力帮助自己的亲人抚养后代，于是体现性取向的基因便借由其姐妹一脉得到传承。这从进化论的角度来看是说得通的，男同性恋者的生存使命便是做一个无微不至的舅舅来保证他和他家庭的自私的基因得以延续。这样的舅舅在英语中又常被称为"guncle"，即同性恋（gay）舅舅（uncle）。他自己的那套基因也许无法延续下去（那些他有，而他的兄弟姐妹没有的基因），但他的部分基因会继续在外甥和外甥女身上得到继承。

所谓自私的基因 [4] 当如是。

另一个有意思的解释和创造力有关。不要忘了大多数基因都身兼多职。同样的蛋白质（基因指导蛋白质的合成）可以完成不同的事情。如果一个基因既提高了人的创造力，又决定了同性取向，便会传递下去，因为具有创造力足以成为一项进化优势。有证据显示，同性恋者更具创造力，因此这里向我们展现了另一种可能性。不过也有观点认为同性恋群体的卓越创造力是一种"应对策略"，与同性取向本身并无直接的关联。二者具有相关性，但无因果性。

最后一个预测男性性取向的可靠依据是看他的出生顺序。这被称为"兄弟出生顺序效应"（fraternal birth order effect）。几项研究显示，某名男性的哥哥越多，是同性恋者的可能性就越大。这个发现可追溯到 1958 年，研究人员注意到与男异性恋者相比，男同性恋者有更多的哥哥。这和他们有多少姐姐没有关系。而且每多 1 个哥哥，弟弟是同性恋者的概率就会增加 33%。总的来说，每 7 名男同性恋者中就有 1 名可以将其性取向归因于这种出生顺序效应。女性身上则不存在这种效应。

这当中发生了什么呢？实际上，这一切都在母体的子宫中悄然发生着。据悉，这是因为一个尚在发育早期的同性恋兄弟能否出生对他的家庭来说并不重要。如果加入这个家庭的是一个继兄弟，那么不管他有多少个哥哥都不会增加他成为同性恋者的概率。这个现象同时存在于不同国家和文化中。这一切都将源头指向胚胎发育。最合理的一个假说是，随着母亲怀孕次数的增加，母体的免疫系统会对男性变得更加敏感。男性胎儿会产生所谓的"H-Y 抗原"，而 H-Y 抗原可能会被母体的免疫系统视为外来异物，并最终影响胎儿的发育。母亲怀男孩的次数越多，免疫反应越强烈，积累的抗体就越多。每怀一次男孩，母亲的免疫系统就像再次接种了针对男性抗原的疫苗一样，抗体浓度会不断增加，直到足以影响此后出生男孩的性取向。但抗体浓度如何产生作用又是如何改变胎儿性取向的，目前还不清楚。可这依然是一个有趣的生物学观察。我也非常好奇这对爱尔兰民间传说里那些广为流传的神奇

4　此处及前文中所说"自私的基因"，引用的是理查德·道金斯（Richard Dawkins）名作《自私的基因》（The Selfish Gene），此书的一个观点是人的生存本能（或说自然选择机制）注定了得到传播的基因都是"自私的基因"，个体层面看似无私的利他举动（比如文中提到的为亲人抚养后代的舅舅），其实是人在按其基因的利益行动。

人物来说意味着什么——第七子之第七子[5]？他一定非常特别⋯⋯

有人提出疑问：我们有必要费力气追究性别或性取向的科学基础吗？这个说法不无道理，毕竟它并不能带来如发现某一疾病的全新治疗手段这样显而易见的好处。即使那个能够预测性取向的变异基因被我们找到了，那又有什么意义呢？人们改变了那个基因，就可以改变自己的命运吗？这不太可能，因为性取向是一件很复杂的事情，并不是某一个或某几个变异基因就可以决定的。

我们对其进行探索，并非出于俯视一切的优越感，而是出于单纯的好奇心：想知道万物之所以如此的原因。我们可以从分子层面去解释错综复杂的生物万象吗？我们之所以揭示人们成为同性恋或异性恋以及成为男性、女性或跨性别者的科学基础，是因为想让科学的子弹射向那些试图排斥异己、党同伐异的人。

5　在多国民间传说中，第七子之第七子（the seventh son of a seventh son）都是拥有非凡法力的人。爱尔兰传说中的第七子之第七子拥有疗愈的法力。

包容

　　这么做是为了推动建设一个更包容的社会。所有这些特质都能从我们的生理特点和所处环境中得到解释，这在相当程度上也解释了人类的本质。而最重要的是，自然母亲教给了我们一件事：当一个物种没有了差异，离覆灭也就不远了。即使全力以赴如脸书，也总有寿终的一日，但林林总总、形形色色的人类，将是不朽的（见第十九章）！

第七章

横空出世的上帝

面对现实吧，
智能手机，
就是一个彻彻底底的
神迹。

宗教信仰是否也存在一个科学解释呢？这话刚出口，我已经能想象到有人怒发冲冠的样子了。同时我也听到了指责的声音，说一个搞科研的狂妄之徒在这里对着心怀信仰的人们大放厥词。科学和宗教的话题从来都是势同水火、难以两立的。就我自身的经验来看，两方的对话几乎全无进展，尤其是在三杯黄汤下肚后，双方都更加坚定己见。《上帝的错觉》（*The God Delusion*）一书的作者理查德·道金斯，一直受到攻击，说他竟妄想解释信仰的基础。同样，在美国，进化论一直在与宗教作斗争。总而言之，科学和宗教不太合得来。说到这，我已经想打退堂鼓了。

但就我个人而言，宗教一直让我既着迷又捉摸不透。为什么人们会相信轮回，相信来生，相信人能在水上行走呢？一个解释是它们中有些或者全部是切实存在的。另一个解释是宗教信仰不过是人的另一种特质，一个信仰宗教的人就好比一个贪心的曼联球迷（当然，信仰曼联比信仰上帝要可恶得多）。为什么在西方社会，无神论越发大行其道了呢？难道真如一些信仰者所言，这是末日降临的征兆吗？还是说这不过是宗教难以在如今这个由科学和电灯驱赶黑暗的犬儒社会中行使威权的体现？在这个问题上，科学家们必须一如既往地以理性待之。那么科学研究在宗教信仰上有什么发现呢？对更高权威的信仰是人类生存策略的一个重要部分，还是像道金斯说的不过是一个妄想呢？

首先我们要说的是，科学从未试图回答任何关于我们为何在这里的问题。它关注的多是我们如何到这里，也就是我们从地球上最初的那个生命体进化至今的过程。科学回答起此类问题来，可谓信手拈来，而宗教关注的则主要是我们为何在这里（答案是神创造了我们）。这两个领域因而相互独立，一旦试图融合，问题就产生了。

宗教信仰并不需要科学证据的支持，如果非得找到这样的科学理论，它就完全变味了。给都灵裹尸布（Shroud of Turin）测定年份就是一个很好的例子。在天主教徒们的眼中，都灵裹尸布是重要的宗教遗物。这块裹尸布据称是耶稣从十字架上被抬下来后用的殓布，上面留有耶稣身体的痕迹。人们用一个着实令人讨厌的叫作"碳定年法"（它利用随时间衰变的碳的放射性同位素来精准测定有机物的生存年代）的科学发明对都灵裹尸布的年代进行测定，结果显示布料年代介于 1260 年和 1390 年之间，比耶稣所在的年代要晚得多。这就让那些嗤笑宗教是大骗局、认为圣物是给不善辨别的轻信者下的圈套的人抓到了把柄。所以究竟为什么一门宗教会想着给上帝的存在找一个科学依据呢？他们难道会说"嚯，终于让我找到证据了！"？这不正暴露了这些信徒信仰的无力吗？认真的神学家不会追求上帝存在的科学证明。因为这种追求存在伪证的风险，所以神学研究主要集中在探讨哲学问题上。

上帝之说常常会涉及地球生命起源的问题。有人认为有一个更高的力量引起了物理定律的效用，之后又慢慢消失了。也有人认为我们来自一个宇宙之卵的分裂。但正如在第一章中所说的，对于生命起源的问题，我们现在已经有了一个合理的科学解释。当时的地球是一口咕噜咕噜冒着泡的大锅，里面含有丰富的有机化学物质，亿万年过去后，终于产生了第一个细胞，它进一步分裂、进化，最终有了我们。若要从化学（或许说生物化学会更准确）的角度阐释，第一个细胞的诞生过程复杂无比。总之，它成了一个能够自给自足的"工厂"，不知疲倦地进行自我复制。要说出这句话着实不易，但这世上并不存在生命的火花从上帝的指尖迸发这回事。生命的诞生，无外乎物理、化学和生物定律，以及一些机缘巧合。

仅仅依靠基本的化学元素，我们就能造出所谓的"合成生命"，或许是对"生命源于科学定律"这句话的最佳阐释。研究人员做了一个了不起的实验。他们将DNA注入一个没有DNA的细胞中，那个细胞随后被激活，复制新的DNA并开始分裂。由于细胞内容物的复杂性，生命的合成仍然无法从零开始，所以这个实验并不是根据基本原理合成生命，但正在向那个目标靠近。也许会有那么一天，科学家们能够制造出那样一点"火花"，创造出有生命的可自我繁殖、分化的细胞。

用科学的话来说，生命的主要"目的"是让DNA得到复制并传递给下一代。人们可以通过提高自身的生育率来达到这个"目的"，也可以通过帮助亲人（他们也有你的部分基因）生存延续来达到这个"目的"。焦急着要为女儿相一门好亲事（到头来似乎都是白忙活）的母亲所做的不过是遵循人类亿万年来进化出的本能。我们会关照、支持那些和我们有相同基因的亲人，只有这样那部分共同的DNA才能得到传承。

当我们还生活在远古的小部落中时，这都不是难事。我们知道我们的亲人是谁，自然要去帮助他们。我们排斥陌生人，仇外的本能也就是从那时起产生的。人类学方面的证据显示，在很长一段时间里，人类的社会形态都是以小群体为单位的，群体最多可能也不超过250人。你、你的血亲和姻亲就组成了一个快乐的部落。据说，宗教就是发端于这样的小群体，以箴言的形式代代相传。箴言也可能采取了道德警句的形式，如"照顾好你的邻居，不要惹麻烦"，换言之，就是"爱你的邻人"[1]。这保证了你在亲人身上的 DNA 副本也能得到延续。

部落里的聪明人，简单来说就是长者，会想出办法来让其他部落成员乖乖听话，因为人性不安定，喜欢偏离正道，可能变成爱尔兰人口中的"什么都乱搞一通的人"。让他们信服的一个办法就是告诉他们箴言来自某个超自然的存在。我们于是有了这样一个概念——它是一个超自然的力量，给人以建议，是一个关怀体贴的为人父母者的形象。这种概念普遍存在于很多宗教中。只有服从、侍奉这个强大的存在，你的家族才会得到荫庇，DNA 也才会得到传承。总会有一些爱占便宜的人不守规范，但这样的风险已经降低了，因为拥有全视之眼的天父将会降罪于他们。如果惩罚没有兑现，那便由披着神圣外衣的智慧的长者代劳，宗教领袖和等级制度由此产生。还是那句话，这是许多宗教的共性，也有一些宗教（比如基督教）塑造的是一个父亲的形象。他更像是一个供养者，爱那些相信他的人。

在如今这个早已不是 250 人一个部落的现代社会里，宗教依然存在的原因是一个谜。一个可能的解释依然是——适者生存。有几项调查显示信仰宗教者整体比无信仰者更健康。这可能是因为他们能得到更多的社会支持。如果智人来到欧洲，遇上尼安德特人，那么他们中有社会意识（能让他们形成一支战斗队伍）的宗教人更

1　出自《圣经·利未记》"爱你的邻人如你自己"（Thou shalt love thy neighbor as thyself）。

有可能在接下来的战斗中存活下来。这些特质随后被传递给了下一代，传递方式主要是文化传递。宗教信仰能影响一个人的健康状况，还可见于一个事实，就是伊丽莎白二世女王陛下还活着。这是因为成千上万的子民每日都在祈祷"天佑女王"[2]吗？恐怕不是。这大概还得归功于她得到的社会支持，包括顶级的医疗服务。

另一个解释是宗教信仰可能与基因有一定关系：存在这样一个（多数情况下可能是多个）变异基因，它使你在合适的条件下更容易成为一名信徒。其中一些证据来自双胞胎实验。实验显示，在决定信仰上帝的因素中，基因的贡献占比为40%。这意味着一个人精神层面上的启迪并不全是由外部环境带来的。这组变异基因很可能会在人群中存续，因为它们能带来好处，不过前提是存在相应的社会环境，比如有一套事先约定的宗教规则。如果你是一个从基因上被设定为讨厌奶酪的人，那么让你有更高的生存和繁衍概率的环境就是奶酪被认定为有害的环境。所以散播福音，再三向会众宣示规条和使命宣言就变得尤为重要。这表示团体中的人会互相关照，也会增加群体协作的机会（比如宗教仪式）。众所周知，社会活动于我们大有裨益，比如可以帮助降低患心脏病的风险。精神信仰使内心充盈爱意，而这爱意和催产素（人类的"社交激素"）相关联。催产素给人带来温暖，这种感觉反过来又会促进更大规模的群体协作。这种关系要比球迷之间的密切得多，因为它能帮助我们处理生而为人的本质问题。我们从哪里来？我们死后会发生什么？这些问题就在我们心里，我们之所以会思索未来可能发生的事情，是因为我们的知识和能力驱使我们如此。这是智人的一个决策性特征。

另一个答案和孩子的心智有关。耶稣会士（爱尔兰有一些学校便是他们在管理）常说的一句话很能说明问题："给我一个7岁孩子，我将还你一个成熟的大人。"(Give me the boy of seven and I will give you the man.) 言下之意是成长中的孩子求知若渴，有着惊人的可塑性。这种可塑性具有进化意义。它的出现是为了确保开始探索世界、奋勇前行的孩子会听从长辈的教诲。当操心的父亲对7岁的孩子说"别去那个树林，那里有妖怪"时，孩子是会信以为真的。他不会去找妖怪存在的证据，因为他的大脑此时被设定的模式是接收并相信信息。而此后想再让他明白树林里没有妖怪会变得很难，因为有妖怪这个信念已经深深地烙印在他的大脑中，甚至可能跟随他一辈

2　《天佑女王》（*God Save the Queen*）（或《天佑国王》）是英国国歌。

子。那么如果孩子被告知如果他不听话，就会下地狱（这是基督教的说法，若换成犹太教，就是欣嫩谷）呢？他同样会深信不疑。如果在他长大成人的过程中，那些话被再三灌输给他（比如通过每个礼拜日去教堂或者诵读经文等方式），那么它们将深深根植于他脑中，尤其当他在现世的挫折和苦难中挣扎时，对幸福来世的信仰能为他带来慰藉。

总的来说，对于宗教信仰倾向的起源，我们有了一个合理的解释。为了生存和传播我们的 DNA，我们下意识地创造了上帝。虽然上帝没有创造我们，但是，对一个更高的力量存在信仰，是不是我们无法改变的人性？有没有一个神经图谱可以解释，当一个人经历精神召唤时，他的大脑发生了什么？

一个有意思的发现是许多文化的宗教仪式中都用到了天然致幻剂。美洲土著使用的是乌羽玉。它被认为可以帮助人们超脱现实与上帝交谈。想来有趣，《凯尔经》（Book of Kells）[3] 中变幻迷离的意象，不知是不是爱尔兰僧侣用了迷幻蘑菇后生出的灵感。（如若不然的话，这伟大的艺术作品应是在上帝的感召下创作的，就像那些文艺复兴时期的不朽之作一样。）1692 年发生在美国马萨诸塞州塞勒姆镇的塞勒姆审巫案，事情起因于人们吃了发霉的带有麦角（一种致幻菌）的面包。这种天然存在的化学物质在进化中充当的角色大概是杀虫剂，因为它们也能改变昆虫的行为，进而起到保护植株的作用。此间的策略看起来是这样的，"让虫子们去嗨一下，等它们飘飘欲仙了，就不会来吃我了"。

人工合成致幻剂 LSD（全称是"麦角酸二乙基酰胺"）的问世是一次意外。当时化学家艾伯特·霍夫曼（Albert Hofmann）在瑞士一家制药公司工作，实验用到了从麦角中提取的化学物。一次他不小心沾染了这种物质，于是有了第一次记录在案的"迷幻旅行"（acid trip）[4]。他报告说那是一次精神觉醒。他此后又试了一次，并且加大了摄入量（是起效剂量的 10 倍），邻居在他眼中变成了一个恶毒的巫婆。

3　《凯尔经》是公元 800 年左右由苏格兰西部爱奥那岛上的僧侣凯尔特修士绘制的圣经福音手抄本，因空前的艺术性和奢华繁复的宗教纹饰而闻名，被认为是爱尔兰的国宝。圣名文织页（Chi-Rho page）是其中的一张彩页，Chi-Rho 是一个早期的基督宗教符号，代表耶稣基督。

4　acid 代称 LSD 这种在 20 世纪 60 年代盛行的毒品，acid trip 指使用 LSD 后飘飘然的状态。

原来精神召唤在食用了 LSD 的人身上是非常普遍的现象。这是一种对某种超脱于我们自身意识的更崇高的存在的感知。饥饿也能在一定程度上起到同样的效果。这也就解释了为什么基督教和伊斯兰教的教众，包括它们的创教人，在自我隔绝和禁食上费尽苦心（例如在沙漠中待上 40 天）。因此我们的大脑中有可能存在这样一种神经通路：它在被激活时能促进这种宗教感受的产生。这种机制也许会让我们在艰难和匮乏的时刻里仍有求生的欲望。这就是我们将宗教信仰视为能够提高生存和基因传播概率的特质之一的论据。

在充斥着苦难的地方，宗教总是尤其繁荣。穷困潦倒或深陷悲恸的人，更愿意选择信仰神明，或许这样能为他们带去希望和慰藉。可问题是，苦难深重的人们常常受到手握金钱和权势的宗教领袖的盘剥。过去的一些超自然的宗教经验——一个人听到了别人听不到的声音、看见了别人看不见的事物，便将其归因于神——其表征也许会被今天的我们视为精神疾病。许多圣人便是因此而得名的。其中一个令人生疑的说法是，在卢尔德和法蒂玛身上都发生了圣母玛利亚对那些正在跨入青春期的女孩显灵的事情。一个解释是这些女孩极易受环境的影响，从而编造出了这些故事；也有可能她们打心底相信这样的事情发生了，但其实是她们的幻觉。青春期女孩极易受心理暗示的影响，目前已有多项关于青春期女孩集体歇斯底里事件发生的记录，而背后的原因极可能是社会和文化因素。另一个解释是圣母玛利亚专门挑这样的女孩子，然后出现在她们面前。持有上述观点的双方，即使吵翻天也无法说服对方，但科学站在哪一边是显而易见的。也许宗教在西方社会式微的一个原因是人们生活质量提高了，贫困的日子少了，精神疾病也少了，或得到了更好的控制。又或许只是因为智能手机出现了。面对现实吧，智能手机，就是一个彻彻底底的神迹。

谈什么恋爱，是手机不好玩吗？

　　这种式微在近来的调查中均有体现，对其中涉及的宗教来说，日子并不好过。在英国，一项全国人口普查显示，圣公会（英国国教）教徒目前有 850 万人，与数年前的 1300 万人相比，人数大幅下降。这些教徒的人口统计数据呈现出一个令人担忧的前景：他们中有大约 40% 的人已经年过七旬。即使仅仅基于这个人口统计数据来测算，截至 2050 年英国国教信徒将只剩不到 100 万人。而英国国教是温良的宗教之一，对教众的索取少之又少。如今，圣公会的教堂主要被不信仰上帝的新人用来举办婚礼，被想不到更好选择的逝者亲属用来举办葬礼。不过，圣公会管理的资产不少于 120 亿英镑（1 英镑约为 8 元），据称其投资收益率还跑赢了一些对冲基金（这有没有可能来自神的干预？），其财务的未来发展看来是有保证的。在帮助弱势群体方面，不管是在贫困救济、教育还是医疗上，圣公会都保持着优秀的记录。圣公会传播的主要讯息（除了经文里的那些）是怜悯心、包容心和善心。尽管如此，但希望维系并复兴这门宗教的狂热者说：“人们乐于听你谈起教会做的那些善事，但当你提到上帝时，他们就开始变得目光呆滞起来。”

　　走向消亡的宗教，正在被其他东西取而代之。人类依然有社交需要，有信奉除他们自身以外的存在并借以找寻生命意义的需要。这些现代的替代品有山达基教，它的与众不同之处就在于它既不属于科学，也不属于宗教；还有复制共享教

（Kopimism），其会众是一群坚持文件共享的人，他们相信复制信息是神圣的行为；此外也有不少澳大利亚人以绝地武士⁵自居。这种社群需求，可见于球迷和爱国者，也可见于为人类同胞谋福祉的追求者。人道主义有着基督教教义除神秘部分的一切特征，人道主义者常被宗教信仰者戏称为"一群把三明治中的肉挑出来吃的人"。让一个人宣告自己信奉另一个死而复生的人，并试图以此说服人类互相关爱，是需要很大的勇气的（或者说需要教化，这取决于你怎么看这件事），尽管那是自古以来每一个母亲都会对孩子说的话。

愿原力与你同在！

　　科学发展是宗教没落的另一个原因。科学解答了我们何以成为今天的我们的问题。它回答的不是世界是如何开始的（谁确立了那些让第一个细胞诞生的化学、物理定律？），我们为什么来到这里之类的宏大问题，而仅仅是那些揭示我们组成的问题。因为好奇心的驱使，我们不断提出问题、寻找答案。这是科学从一开始得以发展的原因。基于同样的好奇心，我们渴望了解造物之谜。科学和宗教，当然并不总是对立的，许多科学家也是虔诚的信徒。弗朗西斯·柯林斯（Francis Collins）就是一个很好的例子。他是人类基因组计划的领导者，同时也是虔诚的基督徒。和他一样，许多信徒认为科学发现实质上证明了上帝的存在。但是调查显示，就整体而言，科学工作者比一般大众更不容易成为宗教信徒。对此最可能的解释是他们无法同时持有两种相互矛盾的观点。他们要看的是支持观点的数据，而这正是宗教所没有的。

　　在科学、宗教之争中出现的一个有意思的观点是科学实际上是另一种宗教。科学家们震惊于这种观点，因为科学追求的是逻辑、推理、证据，怎么可能会跟无神论者眼中的那些神话故事扯上关系呢？但往深了想，它们之间似乎又的确有相似性。首先，科学常以人类为中心解释万物，宗教也是。我在推特上关注的喜欢的账号之一是"上帝"（God）。没错，上帝也会发推特。关注"上帝"的人现在已经超过了500万人（但"上帝"只关注了一个人——贾斯汀·比伯[6]），其最新的一则推文是："狂妄自大的人类啊，我猜你们一定认为宇宙是围着你们转的。"我们一度认为太阳围着地球转。哥白尼告诉我们，我们都错了，但当时的他不能坐着火箭去证明这一点。有些人不信（也许至今还有人不信），但现在我们可以进入太空，实实在在地去观察我们的太阳系了，它以太阳为中心，这一点毋庸置疑——至少当我们用理性去思考时是这样的。于是我们知道了：一块大石头带着我们绕着太阳转，而太阳系里像这样的石头还有很多。后来，我们又知道了太阳只是银河系亿万恒星中的一颗，而银河系又只是亿万星系中的一个。如我的妻子玛格丽特所说，"我们是宇宙里一粒灰尘上的一粒灰尘"。接下来的打击将来自外星生命的发现。这个发现只是时间问题，到那时我们的特殊性便又将减去几分。这时有一个创造了我们且一直在关照我们的上帝，可以让我们感觉到自己的重要性。

当上帝还是一位蓄着灰白胡须、用双脚让地球转动的老人时，事情要简单得多。

6　来自加拿大的人气偶像歌手，也可以说是社交媒体捧红的一代巨星。

科学和宗教的相似性包括排斥异教徒（对科学而言，这出现在科学界有人提出新的激进想法时）、崇拜圣人（T恤上印得较多的科学家是达尔文、牛顿和爱因斯坦）和拥有一套道德准则（调研不可作弊）。科学一派也有它自己的神职人员，（在大学里）研习秘密，身穿特殊装束（白大褂），在特别的房间（实验室）里进行神秘的仪式（实验）。不过，科学的神职人员有一点不同：对性别的要求要宽容得多。大多数的科学也是迷雾一团，暗物质、暗能量和弦理论这几大物理学的挑战至今未解。

最后，科学也需要一点信仰。当科学家被要求解释宇宙的存在时，他们会想到比如大爆炸宇宙论、超弦理论之类杂七杂八的学说。但被要求解释其中的某个概念时，他们是没法做到的，如果他们是那方面的专家自然另当别论。所以他们相信这一点，并援引其他科学家的观点。这里最大的不同在于科学有足以支撑这些解释的证据。正如天体物理学家尼尔·德格拉斯·泰森（Neil deGrasse Tyson）所说："科学的一个好处就是不管你信不信，它都是真的。"不过，如果一定要将科学视作宗教的话，那么相对"内观"而言，科学讲求的应是"外观"。

在这方面，踏上月球的那两位仁兄倒是有趣。当目睹无边无际的宇宙和小蓝点似的地球时，他们惊叹连连，说了一些感谢主的话。在"阿波罗"号宇宙飞船任务结束后，尼尔·阿姆斯特朗提到了两件令人震撼的事："我突然意识到眼前这个豆大的美丽的蓝色小点是地球。我伸出大拇指，眯起一只眼睛，我的大拇指完全盖住了地球。我不觉得自己像个巨人。相反，我感到了自己的渺小。"他还说，"奥秘引起惊奇，而惊奇是求知欲的基础。"宗教中或许也存在惊奇，但归根结底还是科学最有可能帮助我们更多地理解我们从哪里来、我们是谁，甚至是我们要到哪里去。

第八章

有意思的来了：我们为什么会笑

研究显示，大笑100次等于使用10分钟划船机或骑行15分钟的运动量。

人类会笑，而且还笑得不少。相比其他物种，即使算上黑猩猩以及据说是最能笑的鬣狗，人类的笑也是"笑中翘楚"。没有人不爱开怀大笑，但我们为什么会笑呢？我们为什么会觉得某些东西好笑呢？有史以来最好笑的笑话是什么样的？为什么大多数的笑都不是因为发现了什么好笑的事情，而是在承担一种社交功能？我们为什么会笑场，或者不合时宜地哈哈大笑呢？回答这些问题的风险不小，就像有人曾说的，"试图分析什么东西好笑，就像解剖青蛙，听的人笑不出来，因为青蛙会因此而死"，但是我们还是得勇敢起来。科学无界，只要你能从中得到一点乐趣，我们就心满意足了。

笑一笑，十年少。

当我们笑的时候，身体在经历什么变化是一个不错的切入点。当我们开心地笑时，我们的腹部开始颤动，胸腔肌肉舒张的幅度会加大，导致空气从我们的体内被挤压出来，于是笑声便产生了。当胸腔肌肉的收缩和舒张频率变高时，我们就会发出尖细的喘息声。而人际交谈中出现的社交型笑声，是不会涉及这些身体变化的。

这个区别在我们研究笑的目的时非常有用。有一项研究检测了 33 名女性的笑声功能，这个研究就足以说明问题。这些女性观看了一部喜剧片（在这种情况下，片子自然就是《当哈利遇到莎莉》了）。为了衡量她们笑的程度，研究人员在她们每个人的腹部上都安了监控仪，监控她们腹部的颤动。为什么这个那么重要呢？因为研究人员想统计的是开心的笑。真正的笑可以被定义为捧腹大笑。她们还观看了一部不搞笑的片子（至少让人发笑不是片子的本意）：一段观光视频（幸好片子不是爱尔兰旅游局出品的，否则她们可能看多久就会笑多久）。

在观看《当哈利遇到莎莉》时，每名女性平均会笑 30 次。在观看观光视频时，这个数字为 1。研究人员还采集了血液样本，研究她们的免疫系统。这里检测的是一种叫作"天然杀手"（NK）的细胞。这种细胞对于抵抗病毒很重要。然后你猜怎么着？在看完《当哈利遇到莎莉》后，她们体内的 NK 细胞活动增加了，换句话说，她们的免疫力增强了。所以说笑的一个功能是增强人体的免疫力。或许让医生给你开两张达拉·奥布莱恩（Dara Ó Briain）[1] 的电影票是个不错的主意。

你的笑容由我来守护。

---

1 爱尔兰的一位演员兼电视节目主持人。

此前不少研究已经发现，消极情绪和压力会对免疫系统有负面影响。这要归因于一种叫作"皮质醇"的应激激素。当我们感到紧张或焦虑时，皮质醇浓度就会上升。皮质醇水平过高，会对免疫系统产生抑制作用。在另一项研究中研究人员检视了大脑中的前额叶皮层，前额叶皮层在前额后方，与人的抑郁情绪有关。如果你的右侧前额叶皮层更活跃，那你应该是那种"只剩半瓶水"的人。如果你的左侧前额叶皮层更活跃，那你就属于"还有半瓶水"类型的人。

这很有用，研究人员可以据此将人分为乐观主义者和悲观主义者，而无须依赖调查问卷，何况问卷答案未必可靠。结果令他们大吃一惊。那些有着更多积极情绪的人（水瓶里永远"还有半瓶水"的人）的身体对流感疫苗的反应强度是那些"只剩半瓶水"的人的四倍。这强有力地证明了乐观的人对感冒和流感有更强的抵抗力。但这里存在因果关系。也许是因为得病少，所以他们对未来才有更乐观的看法，体现在大脑上，就是其左侧前额叶皮层更活跃。

但总之，这些结论都表明幽默和笑声也许就是治病的良药。此外，大笑还有其他的好处。它可以降低血压，增加输送至心脏的血流量。因此笑是我们对抗心脏病的强大同盟。笑此外还是一种锻炼方式。你下次走进健身房的时候，可以尽管在那些穿着运动紧身衣、束着吸汗带的中年男人面前哈哈大笑。研究显示，大笑100次等于使用10分钟划船机或骑行15分钟的运动量。更何况这要有意思得多。

这腹肌难道是笑出来的？

大笑还能帮助你降低血糖水平。这是好事，它会降低你罹患 2 型糖尿病的风险。2 型糖尿病会让你对自己的胰岛素产生抗性，导致你的细胞对葡萄糖的吸收减少。血液中葡萄糖浓度过高会引起各种健康问题。在一项研究中，参与人员即 2 型糖尿病患者。实验第一天，他们在用餐过后被安排参加了一场枯燥的讲座。第二天，他们吃了同样的食物，但接下来去看了一场喜剧表演。研究人员分别测量了他们这两次的血糖水平，发现在看完喜剧表演后，参与者的饭后血糖浓度上升幅度要小于参加枯燥讲座的那一次。一个可能的原因是这些参与者的肌肉通过大笑燃烧分解了葡萄糖，但不管原因如何，益处是显而易见的。此外，大笑还有降低痛感、平复恐惧和焦虑情绪的作用。这足以证明笑可以帮助我们摆脱生活上的烦扰。

但或许在所有关于笑的研究中，最令人信服的还是这个对其在社交活动中所扮演的角色的研究。众所周知，笑声是能传染的。你以前有没有发现自己笑了起来，只是因为看到别人在笑，而不是觉得他们在笑的事情本身好笑？而一阵大笑过后，又会引发我们的另一阵笑声。这就是为什么喜剧节目都有一个负责暖场的喜剧演员，一旦我们开始笑了，就会倾向于保持这个笑。研究人员在商场里做过一个研究，他们偷听人们的对话，分析人们的笑声。之后他们弄明白了人们笑的原因。令人讶异的是，人们有 80% 的笑不是由笑话或趣事引发的。人们之所以笑，是因为社交互动的需要。你下次再跟别人在一起的时候可以注意一下，你的笑很多时候不是因为觉得某件事好笑，它背后的意思是："我很亲切，你不用害怕，继续往下说吧！"

科学家们认为笑能拉近人们之间的距离，帮助其交流沟通、建立情感联结。与人相处时，你越放松，就越容易露出笑容。人置身于社交场合笑的概率是独处时的 30 倍。这一点，我们所有人都应该深有体会。我们在自己一个人看脱口秀的时候笑得很少。但如果是和其他人一起看，我们总是笑得停不下来。在这种情况下，笑是一种社交纽带。正如喜剧大师维托·埔柱（Victor Borge）所说："笑是人与人之间最短的距离。"

　　除此之外，笑还能提升你的人际交往能力。有句话说得没错：当你笑时，全世界都跟着你笑；当你哭时，便只剩你一个人了。人们不太愿意和带有消极情绪的人交往，所以培养幽默感能提高你的社交能力。笑还能帮助我们发现人群中那个最有权势的人。有一项研究对工作会议过程中产生的不同笑声进行了分析。要知道他们当中谁是老大其实不难，因为老大通常能获得更多的笑声。平头百姓通常更爱笑。这是为了表示"我知道你是这里的老大，请别杀我（或者炒了我）"，所以笑也有指示地位的作用。

微笑中带着疲惫。

这就引出了人类心理学上一个重要的未解之谜——为什么某些东西好笑？怎么样才能讲一个好笑话？写到这里，我不禁又想到了那只被解剖的青蛙，所以对此我们必须谨慎行事。据记载，世界上最古老的笑话出现在公元前 1900 年。那是生活在今天伊拉克南部的苏美尔人说的一句话："自打开天辟地以来，有些事从未发生，比如一个少妇不曾在她丈夫的大腿上放过屁。"这属于厕所幽默。古老的笑话依然能让现在的我们发笑。

第二古老的笑话是在斯奈夫鲁法老墓里发现的作于公元前 1600 年的一则谜语。斯奈夫鲁法老生活在距今 4000 多年前，所以据埃及古物学者确认，笑话是当时一位心怀愤懑的建筑师写下的。笑话是这样的："怎样才能哄无聊的法老开心呢？你划船沿尼罗河而下，设法让船上坐满只穿着渔网的少女，然后邀请法老去捕鱼就可以了。"不得不说，这个笑话还挺复杂的（你看懂了吗？反正我是没看懂）。不过它和我们今天的幽默有一个共通点，那就是拿权威人物来打趣，这永远都错不了。和厕所幽默相比，这又是另一个类别的幽默。唉，科学家嘛，就是要抓住一切机会分类。第三大类叫作"始料不及的转折"。我们的思维正在朝一个方向前进，你猝不及防地将包袱抖了出来，于是不知怎的就产生了我们称为"幽默"的东西。

几年前曾有学者试图找出世界上最好笑的笑话，这个笑话就有上述特征。他们征集到了数千个笑话，然后让 150 万人对这些笑话进行票选，最后其中一个笑话拔得头筹。你现在一定很想听这个笑话了，对吗？它是这样的：两个人去打猎，其中一人突然倒地，脸色发青，没了呼吸。另一个人赶紧打紧急电话求救，说"你们一定要帮帮我！我的朋友倒地不起，好像已经死了"。电话那头的人回答说"别慌，我们会帮你的。首先，请先确认他是不是真的死了"。一阵沉默后，只听一声枪响。那人重新拿起电话说"好了，然后呢？"这个笑话的作者是喜剧作家斯派克・米利根（Spike Milligan），这是他在 1951 年为一个叫《傻瓜秀》（*The Goon Show*）的电台节目写的。

是什么让这个笑话好笑呢？对此，西格蒙得・弗洛伊德（Sigmund Freud）有话要说。在其著作《诙谐及其与潜意识的关系》中，他提出幽默是纾解压力的一种方式。弗洛伊德认为幽默是我们在表达（不可避免地）受压抑情绪时的感受、害怕、敌意或不安保险栓。上面的笑话首先讲述了一个令人不安的状况，牵涉到一个男人和他垂死的朋友，然后通过将故事引向一个荒唐的局面来缓释这种紧张的局面。这被称为"紧张缓释论"（tension-relief theory）。幽默在（通常是故事中的）情绪激发时带来的安全信号，会让你认识到威胁不是真实存在的，一切只是为了逗趣。

就像蹦极一样，先将紧张气氛高高垒起，然后哗啦一下释放。就笑话而言，幽默会先营造紧张感，然后通过平凡化、人性化或赢得胜利的办法将它消解。这两个部分可能发展得非常迅速。比如说下面这个笑话：你有没有听说过一对分不清润滑液和油灰的蜜月夫妇？他们的窗户都掉出来了。笑话里的第一句话让你的脑中浮现出了一些不好的情景，但这种紧张感会迅速被后面抛出的包袱消除。喜剧之所以那么讲求时机，就是因为紧张感需要被快速释放。提醒你一句，弗洛伊德可能是错的。用英国喜剧演员肯·多德（Ken Dodd）的话来说，弗洛伊德可从来不用在 11 月某个潮湿的周二在格拉斯哥国王剧院里连演两场……

幽默的另一大功能是取笑那些在某种程度上威胁到我们的人。挪揄权威发挥的就是这个功能。这在万恶的旧社会里，也包括种族玩笑——关于黑人或者爱尔兰人的笑话。我们也喜欢嘲笑他人的不幸（德语里有个专门描述这种情况的词"Schadenfreude"，即"幸灾乐祸"），如果对方是我们不喜欢的，特别是当他是个有地位的人时，我们就更是如此。（为什么律师们从来不玩捉迷藏？因为没人会去找他们。）

打油诗、巧妙的文字游戏都能让我们发笑。其中通常有点解题的意思，前面猎人的笑话就是一例。我们在尝试弄明白现在发生了什么，以及接下来可能会发生什么。这种解题的思路其实是幽默得以形成的关键，因为它来自我们人类的一个关键进化特质：对即将发生的事情的预判，以及当事情不符合预期时的修正。当我们的推测被证明是错的，然后我们重新构建认识时，便会发笑。这是对我们使用这个有助于提高生存率的进化技能的一个奖赏。

科学家们也在研究笑声的物理特点：我们发出的声音，还有张嘴的方式。虽然这听起来有点奇怪，但张开嘴笑可能来自对咬这个威慑性动作的模仿。笑声虽然听起来好玩，但我们的嘴巴发出的声音发送的是胜利和进攻的信号。从这个角度看，微笑也饶有趣味。婴儿在约 8 周大时就开始微笑了，这是一种与生俱来的反应。微笑并非一项习得技能，因为失明的宝宝也会微笑。微笑表示对现在的状况满意，感到愉悦。另外，它还有安抚的意思，因为嘴巴是闭着的，牙齿也没有露出来，所以你不会造成威胁。有一个理论认为，女人展露的微笑比男人要多很多，因为她们在向外传递共情信号。

有些话好笑是因为它们捅破了一层窗户纸。许多喜剧演员对恼人的日常琐事观察入微，我们觉得它们好笑，是因为它们让我们确信不只有我们自己经历过那些糗事。这是一种"我们都在一条船上"的感觉。许多喜剧也聚焦于社交尴尬这个话题。这和我们每个人都有的被社会孤立的恐惧有关。这是我们较深的恐惧之一，因此我们害怕做演讲、害怕上台。最成功的化尴尬为搞笑的喜剧人（至少在电视节目上是这样的）包括贝塞尔·弗尔蒂（Basil Fawlty）、戴维·布伦特（David Brent）和《抑制热情》（*Curb Your Enthusiam*）里的拉里·戴维（Larry David）。

幽默的一个更复杂的形式是讽刺。它取笑愚蠢和虚伪，目的之一是促进社会变化。20 世纪 60 年代，讽刺文学得到了空前发展，成为社会变革运动的组成部分。而随着我们向现代人迈进，这个发展今天也在继续。宫廷小丑[2]之所以大受欢迎，正因为他代表了我们对离经叛道的渴望，对击倒"神圣之牛"[3]的渴望。但如果惹

---

2 1956 年上映的喜剧电影《宫廷小丑》（*The Court Jester*）中的主人公。

3 这个说法源自印度，牛在印度是神圣不可侵犯的，此处借喻一切不容批评和触犯的事物或人。

恼了被讥讽的那位大人物，情况便不妙了。巨蟒剧团（Monty Python）[4] 的电影《万世魔星》（*Life of Brian*）就经历了一段非常艰难的日子，在世界多地遭到封杀，包括爱尔兰。讽刺的是，电影意在讥讽的并不是耶稣，而是迷信和对古鲁的盲从。（"他不是弥赛亚，而是个十足的捣蛋鬼。"）

幽默在幼儿时期就开始形成，我们可以通过孩子的成长看到不同类型的幽默。刚开始，孩子容易被躲猫猫（peekaboo）和好玩的肢体动作（1 岁的婴儿会觉得你摔倒后四脚朝天的样子特别好笑）逗乐。到了 3 岁，孩子会以意想不到的方法使用身边的物件来搞笑。例如，把内裤套在脑袋上。孩子早期的幽默会受到父母的影响，但随着时间推移，会变得越发具有原创性。不过，这一切起步于幽默的社交功能：孩子会边微笑或大笑，边看向父母以获取反馈。

我们一旦成年，便会意识到幽默在吸引伴侣上的用处，也许这也是幽默得以进化的关键原因。尤其对于男性来说，他们普遍认为表现幽默是他们展示智力和优良基因的途径。一个幽默风趣的男人，一定有着足以赋予他相应智慧和地位的好基因。同时我们也会认为吸引我们的人是有趣的，这种有趣又会提升其魅力。法国的一项研究（这项研究免不了是在法国完成的）发现，如果一个男人刚给朋友讲了个笑话，那么他能要到一位女士的电话号码的概率会增加两倍。这个实验是如何做成的还是

4　英国著名喜剧团体。

个谜，因为（显然）没有任何记录显示法国男人会说笑话。

　　一项美国研究得出结论，即女性希望男性既富有幽默感（供像我一样不习惯约会用语的人参考），同时也乐于倾听她说的笑话。男人通常不太在乎伴侣是否幽默，只要她觉得自己幽默即可。因此也有一些证据显示，幽默属于男性品质（至少在脱口秀界是如此），而对幽默的接收则同时适用于男性和女性。研究显示男性更享受厕所幽默、滑稽表演和竞争主题，女性则更喜欢荒诞幽默和文字游戏。有一种幽默形式是男女都爱的，那就是黑色幽默（gallows humour）——以不幸或对不幸的预测为主题的笑话。这种幽默似乎具有情感宣泄功能，让人们可以将自己与难题和困境隔离开来。它也能增强社会凝聚力，尤其是士兵、殡仪员和外科医生等群体。

　　然后，当你找到了另一半后，你猜怎么着？以夫妻及其亲疏关系为课题的研究显示出一项重要的指标，那就是夫妻相对而笑的频率。经常一起笑的夫妻，其关系越亲密。这是一项关于情感支持、亲密程度和相互尊重的指标。当然这里也牵涉到是先有鸡还是先有蛋的问题。夫妻是因为一起笑，所以感情更好；还是因为感情好，所以笑得更多？但不管怎么说，夫妻一起笑至少传递出了非常好的信号。

　　此外，还有一种特殊的现象叫"笑场"（corpsing），指演员在表演中突然止不住地大笑。这种情况有时也会发生在电台主持人身上。一个绝佳的案例发生在1991年英国广播公司（BBC）的一场板球赛事评论节目上。节目共有两个评论员，当时场上一个运动员被三柱门绊倒了，其中一个评论员说："他没有管好自己的腿。"[5]这原本可能偷笑一下就过去了，没承想两个人狂笑了足足两分钟。当时，两人你看我一眼，我看你一眼，笑得越来越欢。他们本不想笑，但就是停不下来。这是缓解紧张情绪的极端形式。评论体育赛事会让人感到压力，此时一个不经意的小玩笑就会让压力以倾泻的方式释放出来。心理学家将其称为"一种无意识的情感表达"。如果有人将这话说给那两位评论员听，那么也许会是一个阻止他们在节目中大笑的好办法。

　　最后，我们来看看一直都在关于笑的研究中占据一席的问题：为什么我们不能

5　原文是"he just didn't quite get his leg over"，可以同时理解为"他的腿没有迈过去"和"他没有获得性生活"。

给自己呵痒？呵痒这个动作激活了我们大脑中负责预警疼痛的区域，因此可能是一种防御机制或顺从的表现。当你自己胳肢自己的时候，由于危险并不存在，因此也就不会发笑。最近有一个奇特的研究：能不能胳肢动物？就我们所知，只有两种动物会因为被胳肢而发笑：猩猩和老鼠。可可（Koko）是一只西部低地的猩猩，直到 2018 年逝世前，一直被养在加利福尼亚的大猩猩基金会的保育中心，被拿来做了大量研究。可可被胳肢时会笑，在看到保育员踩到香蕉皮滑倒时也会发出笑声。有它喜欢的人来访时，它会发出特别的笑声。另外还有胳肢老鼠的实验。实验证明，老鼠在被呵痒时会发出开心的叫声。这种吱吱叫的声音和它们在玩的时候发出的声音是一样的（我们都知道老鼠撒起欢来是什么样的）。这个发现有它的价值：我们也许可以研发出让老鼠发笑的新型的抗抑郁药物，并以此为基础进一步为人类服务。

　　进行上述实验的科研人员如今继续在其他动物身上做实验，看是否也能通过胳肢它们令它们发笑。也许他们的下一个申请经费的项目就会是看看动物们觉得哪个笑话更好笑了。至于哪个笑话最好笑，我要把我的身家都押在这个笑话上："如果你被一帮动物标本制作师追赶，可千万别装死。"

第九章

我的身体里住着音乐：我们为什么喜欢听音乐

当雄性鸣禽为雌鸟一展歌喉时，它们的大脑中的快乐区域会被点亮，但前提是雌鸟须在场。

是什么造就了人类的独一无二？是什么让我们与其他物种有所区别？这个问题可能有很多答案，但正确答案之一一定是我们对音乐的热爱。世界各地的人都热爱音乐，不分群体、不论种族，但我们并不太确定它对人类来说有何用处。当科学家们思考音乐时，各种各样的问题开始涌入他们的脑袋。你也许会问：他们怎么就不能好好地只享受音乐呢？是的，他们不能。即使能，他们也维持不了多久。这就是身为一个科学家所得的诅咒和快乐。我们总是想太多，但不要忘了，每个人都是科学家，每个人都好奇地想要知道一切。

所以让我们回到手边（或耳边）的这个话题——听音乐能为我们带来好处吗？为什么有些声音听起来让人高兴，如亨德尔（Handel）的《水上音乐》（*Water Music*）；又为什么有些声音听起来令人悲伤，如阿尔比诺尼（Albinoni）的《G 小调柔板》（*Adagio*）？为什么大调活泼、小调忧伤呢？刺脊乐队的奈杰尔·塔夫诺[1]说："D 小调最是忧伤。"他这句话说对了吗？不管原因是什么，我身体里住着的那个音乐家认为这全都是摇摆乐惹的祸[2]……

1　出自 1984 年电影《摇滚万万岁》（*This is Spinal Tap*）。刺脊乐队（Spinal Tap）是电影虚构出来的英国传奇重金属乐队，奈杰尔·塔夫诺（Nigel Tufnel）是乐队吉他手。

2　此处借用了由英国流行歌手米克·杰克逊（Mick Jackson）所作、被美国流行乐团杰克逊五人组（The Jacksons）唱红的歌曲《都是摇摆乐惹的祸》（*Blame it on the boogie*）。

音乐在我们的日常生活中无处不在，所以你或许会惊讶于科学对于音乐的内涵居然至今尚未给出一个足以令人信服的解释。考古学家告诉我们，我们人类沉浸于音乐之中已经有很长一段时间了。目前普遍认为，世界上最古老的乐器是一支用猛犸象骨做的笛子，距今已有 3 万到 3.7 万年。由此显见，音乐早已深铸于我们的灵魂中。奉献出自己骸骨的那头猛犸象，和它的亲族、朋友们一样，早已从这世界消失了；但我们的祖先似乎对这支钻孔骨笛被吹响后发出的声音很是喜爱。

我们对其他的日常消遣都能说出个所以然来。我们运动，是因为运动中包含至关重要的技能（比如投掷、击打和团队协作移动）。当我们的祖先外出狩猎、探险或抵御外族入侵时，这些技能都能派上用场。我们爱读小说、爱看电影，是因为它们能让我们从中洞悉人情世故。这关系到我们作为社交动物的生存问题。但对音乐的享受呢？它看起来似乎毫无用处啊，可真的是这样吗？

然后事情变得更奇怪了。我们对音乐的反应是停留在情感层面上的，在某种程度上可以说情感就是音乐的一切。对音乐，我们无须思考就能给出反应；但其实在我们的潜意识深处，其自有章法。一个和弦里的音符，只有当它们相互间的频率遵从一个严格的数学关系时，凑在一起才是好听的。一段旋律徐徐展开，将它的章法一点点地透露给它的听众时，也必须依循它自身的规则，而这规则偶尔会被打破。似乎正是规则被打破的那一刻——那一下的改变和惊喜，让我们尤其地享受。

关于我们为什么以音乐为乐，心理学家们有这么几个理论。一个理论认为音乐是在口语（spoken language）出现之前历经时间洗礼留下的遗物。也许我们的祖先是靠发出各种声音并透过山谷传送来互诉悲伤、喜悦、愤怒或孤独的心情的。从动物的嘶吼鸣叫声到复杂的现代人类语言，语言的发展经历了一个过渡阶段，或许音乐就是作为过渡阶段的纪念物被留存下来的。这和其他动物也爱听音乐的事实相一致，这一点相信所有宠物的主人都有所了解。这个现象似乎依赖于声音的频率。拉布拉多犬有着和人类相似的音域，可以发出各种听起来像在唱歌的声音。它们能从音乐中得到快乐，当耳边是古典音乐时，它们会身心放松，但如果是重金属音乐，就立马变得躁动不安（谁又不是呢？）。而高冷的猫是不怎么会对音乐做出反应的，但如果你能播放属于它们音域内的音乐，那它们也是会爱上它的。我很好奇猫咪们会喜欢哪种音乐，"造反猫咪"（Pussy Riot）[3]的那种吗？

在泰国，那里甚至有一个训练有素的大象管弦乐团。它们学习演奏不同的音调。当乐器奏出的音符成调时，它们看起来似乎更享受了。可以想象这些乐器都经过改良，适用于大象的重击。最近在纽约，一个人类管弦乐团演奏了大象所作的曲子。听众被要求猜猜作曲家是谁。让大象的保育员感到欣慰的是，好几个听众都说是约翰·凯奇（John Cage）[4]。

---

3 造反猫咪，俄罗斯女子朋克乐队。

4 约翰·凯奇〔1912—1992〕，美国先锋派古典音乐作曲家。

显然，人类即使失去对音乐的鉴赏力也可以生存。我们研究了那些对音乐一窍不通的人，因而得出这个结论。每25个人中就有1个人会遭遇"失乐感症"（amusia），除了它的名字以外，它本身没有一点可笑的地方。有此症的患者，轻则丧失认知音调的能力，重则完全无法从音乐中感受到任何乐趣。在失乐感症患者中，有些人是天生的，有些人是脑部损伤后留下的后遗症，还有些人是由于加斯·布鲁克斯（Garth Brooks）[5]的音乐听多了。但是，有此症状的患者看起来并没有遭遇过多少烦恼，或处于任何不利地位：有4%的患者五音不全，其中有些就是失乐感症患者。

五音不全的人没有乐感，即无法感知声音的高低。虽然一个小提琴手演奏出某个单音，多数人绞尽脑汁也说不出是哪一个音符；但如果此时另一个音符被演奏出来了，那多数人可以分辨出前后两个音哪个高、哪个低。参考音有助于我们对音符的判断，而五音不全的人无法做到这一点，因为他们分不清高低音的区别。五音不全似乎具有高度遗传性（很可能是遗传自父母某个特定的变异基因），因为在双胞胎实验中，同卵双胞胎往往存在一样的问题。

通过核磁共振成像扫描可以找出大脑在特定情境下的活跃区域。当听音乐时，我们大脑中一个叫"上纵束"的区域被点亮了。这说明当时我们大脑的这个部分在燃烧更多的葡萄糖（以获取能量）。上纵束是神经纤维的集合，负责脑区间的信息传导。而五音不全者的这些神经束一般体积较小，且其中一个上纵束分支存在缺失。负责基于音高分辨音符的神经束或许就是大脑的这个部分。

---

5 美国乡村音乐创作歌手。

另一些人则拥有绝对乐感。在美国，每 1 万人中就有 1 个人拥有这种天赋：他能在没有参考音的情况下，准确地唱出某个单音来。其余的人有相对乐感：他们可以借助参考音唱出相对的另一个音。负责引发绝对乐感的大脑区域目前还未找到。

关于音乐的意义，一个首要解释是它能将我们凝聚在一起，形成一个整体。如果你患有失乐感症，只要能通过其他方式保持社交活动，比如参与体育活动，它就不会给你带来任何不利影响。但对剩下的大部分人来说，音乐能将一帮散兵游勇变成精锐之师。因此士兵们能在鼓声与号角声中征战沙场，或一整个体育馆的球迷集体高歌《阿森莱原野》（*The Fields of Athenry*）[6]，都绝非偶然。要论在人群中传播情绪、凝聚人心，没有什么能与音乐相比。这或许就是音乐存在的真实意图吧。所以也就不难理解为什么这个特质在进化之初会被挑选出来并广泛传播，毕竟是社交能力使人类成为一个成功的物种的。

我们都知道，去听演唱会或参加音乐节，无论是从情感还是从身体体验上来说，都比纯粹在家听音乐要强烈得多。对节奏的感知是音乐体验的一个关键部分，这种感知在一定程度上是通过我们的触觉——对周围空气振动的接收——来完成的。这种感受在音乐震天响的演奏会现场尤其明显。在演奏厅的公共环境里，我们享受的并不只是音乐。我们被裹挟着进入了某种高于我们自身的情绪里，感受个中之妙，

6　欧洲杯爱尔兰足球队的助威曲。

只可意会不可言传。我们在这个集体情绪的浩瀚海洋中随波而去。

另一个理论是音乐能帮助我们处理"认知失调"（cognitive dissonance）。认知失调是指我们因同时获知两种对立的信息所产生的一种不安感。对此人们做了一个实验，目的是检测音乐是否能舒缓认知失调。然后你猜怎么着？它能舒缓认知失调。实验要求一群 4 岁的孩子（这可谓一个勇气可嘉的实验）按最喜欢到最不喜欢的顺序给一组玩具打分。在选出他们最爱的那个玩具后，孩子们被要求只能玩第二喜欢的玩具。（想象一下当他们听到做实验的大人说"按我说的去做。为什么？因为我是这么说的"时那副惊惶错愕的模样。）

在这个实验之前，孩子们其实并不介意玩那个他们第二喜爱的玩具，但随后在实验中，他们被告知即使那个玩具不是他们的最爱时，也必须一直玩这个排在第二位的玩具。于是他们认知上的不一致就产生了。最终，孩子们对这个第二喜欢的玩具失去了兴趣。他们解决这种不一致的办法是认同那位告诉自己并不是最喜欢那个玩具的大人。但是如果此时播放着音乐，情况就大为不同了。孩子们学会了处理这种失调，然后继续玩这个玩具。这种实验是谁想出来的？还能是谁，当然是心理学家们。

在一个类似的实验中，心理学家们这次挑选的对象是一些 15 岁的青少年。他们被要求浏览一组多项选择题，并在还未做题的情况下评估题目的难易程度。然后他们开始做题，心理学家们注意到这些学生在回答难题的时候速度更快。这是因为他们不想在失调状态中——试图给出一道难题的正确答案——花费太长的时间。但是，当为做测试的学生们播放莫扎特的音乐时，他们在难题上花的时间更长了，答对的情况也更多。也许在高考考场上放音乐也能起到不错的效果。

关于音乐的一大未解之谜是这个：假设你坐在演奏厅中聆听音乐，此时管弦乐队奏响了一段小三和弦，为什么你会将它与悲伤联系起来呢？其中并没有显而易见的原因，但这种感受是普遍存在的。科学家发现，大调和小调分别与开心的话语和悲伤的话语有某种相似性。研究人员分别收集了西方古典音乐和芬兰民歌的声谱（不同声音频率的"画像"），将其作为两种截然不同的音乐流派的代表。结果发现，大调展现出的声谱和开心的话语类似，而小调的声谱又类似于悲伤的话语。也许开心的话语和大三和弦都代表"进攻！"，而悲伤的话语和小三和弦则意味着是时候

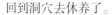

回到洞穴去休养了。

如此看来，这个现象的确普遍存在于人类世界。让西方人去听吉尔吉斯斯坦人、印度斯坦族人和纳瓦霍人的音乐，即使这些音乐的调性、节奏和和弦与西方音乐的迥然有异，他们也能相当准确地分辨出开心的音乐和悲伤的音乐来。所以说这些相对粗略的情感提示是跨越文化边界而适用的。但这种大调（开心）、小调（悲伤）的规则也有例外的时候。在西班牙音乐中，小调也能表现出开心。范·莫里森（Van Morrison）的《月宫舞》（Moondance）就是这样。

另外，对大多数人来说，不和谐音（dissonance）是一种令人感到不悦的声音。这里注意不要和上面提到的认知失调相混淆。同时演奏距离三个全音的音符（比如C和升F）听起来是不和谐的。所以三全音被称为"魔鬼的音程"，在中世纪时期被用来意指恐惧或恶魔。典型例子有《辛普森一家》（*The Simpsons*）的主题曲，以及吉米·亨德里克斯（Jimi Hendrix）所作《紫雾》（*Purple Haze*）的前奏。

近来有研究显示，相对于不和谐的音乐，人们更倾向于选择和谐的音乐的这种偏好更可能是后天习得的，而非生来如此。在西方人听来，和谐音和不和谐音区别明显，且和谐音更悦耳。过去普遍认为这是天生的。若用数学式表示两个同时演奏的和谐音的频率，其结果是一个比率。纯八度的频率比是 2∶1，纯五度（比如C和G）的频率比是 3∶2，而不和谐音则无法以这种形式来表达。[7] 起初科学家们认为，我们的大脑生来就偏好能以这种比率形式表达的频率。

但随后科学家们研究了生活在亚马孙丛林僻远的村庄里的齐曼内人（Tsimané）。他们几乎完全未接触过西方音乐，而出人意料的是，他们对不和谐音毫不介意。齐曼内人能分辨出和谐音和不和谐音的区别，但不认为它们当中哪个更好听。这个研究意义重大，因为截至当时，科研实验尤其是心理学实验中的主要对象均为来自工业化程度高、经济发达的西方民主国家且受过良好教育的人群，而他们未必可以被视为人类的代表。

齐曼内人生活的村庄不通电，也没有自来水，他们只有在屈指可数的几次造访附近城镇时才会在那里见到西方人。有 64 名村民参与了实验，被要求按喜好度给听到的音乐评分。不像美国人，也不像住在拉巴斯或玻利维亚的其他偏远地区的美洲土著，齐曼内人的评分并没有表现出对和谐音的偏爱。在其他文化中也有类似的现象：巴厘岛的音乐家并不在意乐器的调音是否准确。克罗地亚歌手会重复唱同样的旋律，但前后只间隔半个音程，而这在西方人听来是不和谐的。

由此可见，对和谐音的喜好与否似乎是受文化因素影响的。但是，为什么和谐

7　指无法用简单的整数之比来表达。除纯八度外，其余音程的频率比均是无理数。（若以近似整数比来表示，越不和谐的音程，其近似整数比也越复杂，如不和谐的三全音的频率比为 $\sqrt{2}$，近似整数比是 7∶10，极不和谐的小二度则是 15∶16。）

的音程会拥有那些近乎完美的比率呢？有一种说法是钟情于比率和数的精确的希腊人基于那些比率创作出了这种音乐，并使其流行起来。虽然我们不知道他们是怎么鼓捣出这些比率的。也许所有的西方音乐都源自古希腊，古希腊人开始以这种特定的方式作曲（如果这个理论正确的话），后人将这种做法延续了下来。现在我们已经不太可能停下来了。

我们是什么时候学会这一切的？我们什么时候开始觉得和谐音比不和谐音悦耳，或者开始将大调与快乐联系起来的？研究证明其开始于胎儿期，受精卵在母体子宫发育到 5~6 个月时，所以如果给腹中的胎儿听节奏鲜明的放克音乐，那么出世的宝宝将自带节奏感。

不管音乐的功能是什么，一个接一个的研究都表明它对健康有利。这方面的研究数量已经超过 400 项（也许科学家们也想为每天的科研工作增添点音乐），结论普遍认为听音乐有助于增强免疫力，降低皮质醇激素的水平，降低幅度胜于抗焦虑药物。此外，音乐对一种叫 "IgA" 的抗体的生成有刺激作用。这种抗体存在于我们的内组织（如肠道和口腔）的分泌物中，负责保护这些组织的健康。音乐同样能促进 NK 细胞的生成，这是一种对处理病毒和杀死肿瘤有重要意义的细胞（关于它的其他方面内容，请见第八章）。此外，对于抑郁症的治疗，若辅以音乐疗法，也能带来额外的帮助。

可想而知，音乐也能增强社会凝聚力。如果你身处人群中，所有人都在听背景音乐，那么你的心率会与群体中其他人的同步。这将提高所谓的"依恋激素"——催产素的水平，继而促进群体间的情感联结。进一步的研究显示，加入唱诗班会让我们尤其受益。仅仅在美国，就有 25 万个唱诗班，成员有 2850 万人。那得有多少个哈利路亚合唱团啊！

数项研究显示合唱好处颇多，这些好处包括身体和生理（尤其是呼吸系统健康）上的，合唱对认知激励和促进精神健康也有助益。如果养老院的老人每月参加一次合唱，就能减少焦虑和抑郁。据说歌唱可以释放被称为"快乐激素"的内啡肽。在一群人面前歌唱的效果更加明显。它有助于建立自信且效果持久。在公共场合唱歌和自己一个人边洗澡边唱歌，对大脑的影响是不同的。这种现象甚至也存在于小鸟身上。当雄性鸣禽为雌鸟一展歌喉时，它们的大脑中的快乐区域会被点亮，但前提是雌鸟须在场。所以说要想取得唱歌的最佳效果，就不能一个人闷头唱。

合唱有利的另一个原因是在合唱团中唱歌时，你不得不将注意力集中在音乐和技巧上。这意味着你不会焦心于日常为你带来压力的事情，比如人际关系、财务状况或工作。结果合唱团的成员就拥有了一个所谓的"零压区"。他们也学习新的歌曲、和声和节拍，这种学习对于大脑极其有利，甚至可能会赶走抑郁，对老年人来说更是如此。学习一门乐器也有异曲同工之妙。除了可以分散心力，还帮助人们锻炼了运动技巧、协调能力和时间把控能力。对饥饿的大脑来说，这些无不是其精神食粮。

我好饿，我得吃点儿音乐。

　　音乐有更实际的应用。研究证明背景音乐实际上有助于学习。在一项实验中，同样的两组参与者被要求进行外语学习，结果在给定的时间里，有背景音乐的那组比无音乐的那组学习的单词数量多出 8.7%。这个实验结果与"莫扎特效应"一致。所谓莫扎特效应，即听莫扎特的音乐被证明有助于提高空间推理测试的成绩。

　　此外，音乐也一直被用于折磨和惩治。加拿大爱德华王子岛的警方用五分钱乐队（Nickelback）[8] 的歌来惩治酒驾者。肯辛顿的警察告诫这些酒驾者，除了面临一大笔罚款、刑事指控和吊销驾照一年等处罚，他们还将听到五分钱乐队的最新专辑。在悉尼附近的罗克代尔，巴瑞·曼尼洛（Barry Manilow）[9] 的音乐被用来防止青少年在商店外游荡。近来，一群在车里大声放音乐的反社会年轻人被美国法官判处"音乐沉浸刑"，要反复听儿童剧《紫色小恐龙班尼》（Barney & Friends）的主题曲，以及巴瑞·曼尼洛的歌。还有一种叫"青少年驱逐器"（Teen Away）的设备，它可以制造高频噪声，而 30 岁以上的人是听不见这些噪声的。这个设备是否真的有用则另当别论。但孩子们也在利用这种不同人群对高低频声音的不同感知度为自己谋利：他们可以使用父母无法听到的电话铃声。

　　青少年驱逐器其实和超声波设备类似，超声波驱虫器就是通过发送人类耳朵无

8　加拿大一摇滚乐团。

9　美国著名歌手兼词曲作家。

法听到的高频噪声来驱赶昆虫的，对蟋蟀尤其有效。它在老鼠身上也有效，但效用时间很短，因为老鼠们马上就能习惯这种新频率。那么这对牛有用吗？对牛来说，驱赶作用不大（有恼人的牛在商场周围游荡吗？），但却可以提高它们的产奶量。一项细致的研究显示，为牛群播放舒缓的音乐，可以增加 3% 的产奶量。

实际上，音乐也一直被用来当作武器。商船在受到索马里海盗袭击时，会选择播放布兰妮·斯皮尔斯（Britney Spears）的歌，音乐声震天动地。这个方法是海运业安全协会（Security Association for the Maritime Industry）的史蒂文·琼斯（Steven Jones）提议的，他还说过一句被记录在案的话："如果放贾斯汀·比伯的音乐的话，恐怕有违《日内瓦公约》。"巴拿马的前政府首脑——曼努埃尔·诺列加（Manuel Noriega），本藏身于巴拿马城中教廷大使的家中，但酷爱歌剧的将军在遭受了震耳欲聋的重金属音乐的酷刑后，最终投降。在伊拉克战场上，美军在他们的军用车辆上安装了大功率扩音器，向敌方播放重金属音乐。这也许有点类似于"一战"中苏格兰风笛手的作用，由于他们身上穿的苏格兰裙和吹出来的吵闹的风笛声，苏格兰风笛手又被德军称为"尖叫女士"。

研究还发现，随着年龄渐长，我们不再像青少年时期那样轻易为某类音乐疯狂了，反而越来越容易被音乐激怒。部分原因是年龄越大，我们的听力范围变得越小，越来越难听到高频的声音。不幸的是，这种衰减的趋势是从 8 岁开始的。一项研究分别检测了年龄在 40 岁以上和 40 岁以下的人群。40 岁以上的人更不容易听辨出音调和节奏间的微妙差异。他们对和谐音和不和谐音差异的感知能力也减弱了。音乐感知能力的巅峰在 17~22 岁之间。这也许解释了为什么我们会对自己在这个年纪听到的音乐如此矢志不渝。所以"婴儿潮"年代出生的人永远在缅怀 20 世纪 60 年代，而"迷惘的一代"则始终钟情于朋克和斯卡[10]。

最后，外科界又因为外科医生在手术室里放音乐的问题而争论四起。早在 100 年前，来自美国宾夕法尼亚州的一名外科医生埃文·凯恩（Evan Kane），给著名的《美国医学协会杂志》写了一封信，描述了一番在手术室里放留声机的益处。尽管留声机的年代早已过去，现在的外科医生们用的大多是手机上面的应用程序。凯恩认为音乐有助于安抚病人。不知当他在 1920 年给自己切除阑尾时，音乐是否也安抚了他。关于到底在手术室里放音乐是好事还是坏事，争论双方各执一词。"我绝不容许手术时耳边出现艾德·希兰（Ed Sheeran）[11]的声音。"一位怒气冲冲的老医生如此说道。

对病人来说，音乐的好处不言而喻。音乐作为一种治疗手段，古已有之。6000 年前，付钱让乐师弹奏竖琴助兴被视为一种医疗服务支出。古希腊人将阿波罗敬为治愈与音乐之神。在抚慰病患方面，音乐一直显示出比镇静剂更好的效果。这些效果甚至可以在无法自主呼吸的重症监护病人身上看到。

听音乐可不属于医保范围。

10　斯卡乐（ska），源于西印度群岛的一种节奏明快的音乐。

11　英国年轻的创作歌手。

那么音乐对医生和护理人员的影响又如何呢？有多达 72% 的手术是伴随着音乐进行的，其中 80% 的医务人员认为听音乐有益，有益的方面包括团队建设和减少焦虑，还有更令人瞩目的是：优化医生的手术表现。有研究显示音乐有助于医生专注手中的任务，在保证任务完成的同时减缓肌肉疲乏。但是，也有批评者担心音乐会使人分心，而这种情况在实习医生手术过程中的确存在。此外，它还会引发一项研究中提到的所谓的"无名火"（general irritation）。这在手术室中可不是什么好事。

于是接下来的问题就是，手术室里该放哪种音乐？是披头士乐队的《越来越好》（*Getting Better*）？还是比吉斯乐队的《活着》（*Stayin' Alive*）、平克·弗洛伊德乐队（Pink Floyd）的《惬意的麻木》（*Comfortably Numb*）？最不应该放的是皇后乐队（Queen）的《又一个家伙完蛋了》（*Another One Bites the Dust*），或者滚石乐队的《让血流淌》（*Let it Bleed*）。

第十章

睡眠和生命的节律

每个人都需要睡觉。人不睡觉，就会变得易怒，贪嗜高甜、高热量食物，神情越发呆滞，最终走向死亡。

不论你是严重的失眠症患者，还是不到下午 3 点不起床的年轻人，抑或热爱午睡的西班牙人，睡觉都是一件令人着迷的事情。我们为什么需要睡眠？我们睡觉时发生了什么？为什么这种不寻常且存在潜在危险的行为会得到进化？这似乎不合理，因为人在入睡时是最脆弱的。难道说这和我们的大脑要做梦有关？还是我们需要一个时间来清理大脑中堆积了一天的垃圾？另外，我们每天的生物钟又是怎么回事？它们的意义何在？写这一章的目的就是让大家保持足够的清醒来思考我们的睡眠和生物节律。

每个人都需要睡觉。人不睡觉，就会变得易怒，贪嗜高甜、高热量食物，神情越发呆滞，最终走向死亡。这是真的，如果小鼠连续几天不睡觉就一命呜呼了。但我们仍不清楚它的死因（不是指它的大脑和心脏停止工作这类直接死因），而是还不知晓睡眠的真正作用是什么，除了它能阻止我们变得易怒并最终死去以外。

好好睡觉。

科学家们早已知道睡眠可分为几个不同阶段。人们可以借助一种叫作"脑电图机"（EEG）的机器来观测大脑的电活动，它可以将检测到的电活动以脑电图的方式记录下来。值得注意的是，一个睡眠周期会出现五种不同的脑电波。在第一阶段，你还保持着相对的清醒。此时的电波振幅小且速度快，就像水面上快速荡开的涟漪，被称为"β波"。然后大脑开始放松，随着你的大脑进入深蓝色的深度睡眠后，波纹的振幅也变大了，速度变慢。这种脑波叫"α波"，出现在睡眠的第二阶段。

此时你还未进入睡眠，但可能已经开始做着情境逼真的梦了，这又被称为"入睡前幻觉"。催眠就是在这个状态下进行的。催眠师通常用一种平和的声音让你的注意力集中在一只摆动的钟表上，以此唤起你缓慢的脑波，此时你会变得容易接受诱导。这就是为什么催眠师会有办法令你言听计从，无论是去找一只小精灵，还是让你戒烟。有时你会有下落感，或者身体突然抽动一下。这被称为"肌抽跃"，这种现象其实很常见，只是原因未明。

大脑此时进入了睡眠的第二个阶段，这个阶段通常持续30分钟，然后就来到了第三和第四个阶段。你的体温开始下降（此时你可能感觉到冷，并拉紧你的羽绒被），心率在这个阶段也开始变缓，大脑此时进入长约30分钟的深度睡眠阶段，脑波变为速度更慢的δ波。第四阶段的睡眠，其进入程度就更深了。遗尿和梦游就发生在此阶段末，但具体发生的原因我们还未完全了解。最后，大脑进入第五阶段，也就是睡眠周期中的"活跃"阶段，这时有趣的事情发生了：你的眼睛会快速地左右移动，即所谓的"快速眼动"，简称"REM"。这时，你的呼吸频率加快，大脑再次活跃起来。奇怪的是，尽管大脑如此活跃，身体肌肉却仍处于非常放松的状态。

快速眼动睡眠期出现在我们做梦的时候，它出现在我们入睡后的90分钟左右。至于人为什么会做梦，我们对此还毫无头绪，不过有些理论认为它或许同大脑对想法和思绪的整理与储存有关，或者更简单地说梦只是神经元活动慢下来后所呈现的一个结果，它不知怎的就触发了那些生动而混乱的记忆画面。如果未被打扰的话，那我们在一个晚上的睡眠中会将这些阶段来回循环四到五次。

这当中发生了什么？为什么我们的大脑中会发生这般可预测的高度有序的活动呢？目前有几个理论可供参考。第一个是进化论，进化论认为是睡眠让我们免于伤害。我们在夜晚更容易受到猎食者的攻击，于是，进化出了睡眠这一活动，让自己隐退到舒适温暖的洞穴中去安分守己地待着。我们也因此减少了因在夜晚行动而让自己受伤的可能性。在达尔文所说的自然选择下，这种行为得以出现并支配整个物种。也许是因为我们的早期直系祖先进化出了睡眠这一行为，其中包括偶尔做梦，所以我们才得以存活下来。

第二种是能量守恒理论。睡觉是为了让我们少吃一点，毕竟在当时，尤其是晚上，捕捉猎物并非易事。这个说法是有依据的，因为我们在入睡时，身体所需的能量会有 10% 的下降。此时，进化将再次发挥它的魔力：一个偶然出现的特质，使拥有它的人从此就比那些不睡觉的人更具优势，活得更久。由此说来，睡眠的主要功能应是保存能量。

第三种是恢复修整论（理论来得太多太快，我希望你还醒着），它认为我们的大脑需要修复并重建细胞和组织，使其恢复活力。这样有助于清理白天堆积下来的残骸碎片。此外，肌肉的生长、组织的修复、新蛋白质的合成等一切过程都在我们入睡时以更为迅猛的速度发生着。这里要举的例子和一种叫作"腺苷"的化学物质有关。腺苷是细胞在日间活动时产生的代谢产物，腺苷的堆积使我们产生倦意并最终入睡。也就是说，是我们对腺苷的响应在"诱发睡眠"。我们进入睡眠时，实则是在清理腺苷。我们赖以续命的咖啡因，其工作原理就是通过抵消腺苷的影响来提高我们的清醒度。

瑞士出生的英国画家亨利·富塞利（Henry Fuseli）于 1791 年
的作品《梦魇》。

睡觉为什么重要？

睡觉的作用

清理大脑毒素

物理修复

信息处理和记忆

情绪调节

增强免疫系统

人的幼年时期，睡眠对脑部发育意义重大。婴儿每天可以睡上 14 个小时，其中有半数时间都属于快速眼动睡眠。大量的电活动在发生，大脑大概就像一个正在进行安装和调试电气设备的建筑工地。

2013 年，科学家们找到了睡眠有修复作用的证据。他们发现，在我们入睡时，垃圾清运车将我们在白天积攒的垃圾碎片清理并运送出我们的大脑，其中腺苷就是这些垃圾的主要成分。我们的大脑日理万机，神经元时刻处于作战状态，随时裁减冗员。神经元之间的交流通过突触来完成：一种叫作"神经递质"的化学物质会通过突触为神经元间的信息传递充当信使。同时，神经元也需与大脑中另一类重要的细胞发生互动，这种细胞叫作"胶质细胞"。此番闹腾的景象在此刻——在你阅读本章趣味盎然的内容的当下便在发生着，而与此同时，这些活动的代谢产物也在不断堆积。负责清扫、搬运废料的是大脑的垃圾清运车——胶质细胞。

　　长期以来的观点普遍认为，一旦胶质细胞失控罢工，将导致蛋白质废料堆积。这在阿尔茨海默病中最为明显，一种名为"β-淀粉样蛋白"的蛋白质在大脑的海马（因形似海马而得名）中积聚。这有点像是被堆积的垃圾堵住了去路。对海马而言，这种堆积会通过某种未知反应进一步影响我们的个性和记忆。但不要忘了，"未知反应"是科学家们的最爱。

　　到了夜晚，大脑中各条通道的闸门被打开，废物集运细胞顺着脑脊液一路通行无阻，从而使大脑有效地清除了日间堆积的代谢废料。这些废料随后会被冲刷而下，进入你的肝脏，在那里被分解消化。科学家们发现，人在入睡时，上述过程运行的速度是清醒时的两倍。这是由于你的神经元在睡眠时收缩，使神经元间的间隙变大所导致的。科学家们在大脑中观察到了这些有液体流经的细窄通道。为了观察它们，他们不得不让小鼠学会在一台双光子显微镜上入睡。他们随后将一种染色液体注入小鼠的大脑中，由此观察在通道中流动的液体。

此外，血液和脑组织间的屏障——血脑屏障，也会在人入睡时被拓宽少许，以便废料能被顺利地运出大脑。科学家们便是在这样的情况下，即小鼠入睡时，观察到液体流通量增加的。他们还注入了带有标记物的 β–淀粉样蛋白，发现在睡眠状态下它们从小鼠大脑中被清除的速度是清醒时的两倍。因此，睡眠能够通过将劳累一天的代谢垃圾清除干净来帮助我们恢复元气。睡眠剥夺和失眠是阿尔茨海默病的已知致病风险因素，而现在我们大概也知道其中的原因了：由于缺少睡眠，代谢废物收集减少，导致海马阻塞。所以睡眠的一大作用就找到了。睡眠其实就是大扫除，和你在晚上启动洗碗机或洗衣机是一样的道理。这并不意味着它没有其他作用，相反，睡眠很可能还拥有其他一系列作用，它们有同样重要的意义。

关于睡眠的另一个研究领域和"能量盹"（power nap）有关。我们在白天也会时有困意。这可能和腺苷的堆积有关。对此，我们可以用咖啡因来解决，但同样有效的还有能量盹——打盹的威力可不容小觑。仅仅 20~30 分钟的有效小憩，就足以让你重启系统、精神焕发。研究显示，打 20 分钟的能量盹后，我们的所谓的动作技能（如打字或弹钢琴）将得到提升。这关键在于不能超过 30 分钟。如果超过了，你就将进入第三阶段的睡眠，那时再醒来的话，你在动作技能（包括驾驶技能）方面的表现反而更差。但是，高阶活动技能，如记忆则会在 60 分钟左右的睡眠后得到提升，即使你当时还感觉自己昏昏沉沉。

如果你面临缺觉的状况，那么打一个能量盹对你来说就更加重要了。有一个问题经常被提起：晚上最佳的睡眠时间为多少小时？答案因人而异。有些人需要 10 小时，也有些人可能少于 5 小时。我们是地球上已知唯一的会剥夺自己睡眠的物种。英国前首相撒切尔夫人经常被拿来举例，说她一晚上只睡 4 小时。虽然我们不能肯定，但这或许正是导致她最终患上阿尔茨海默病的原因之一。有一项研究调查了 54269 名成人（这是一个足够巨大的样本量，其整体数据大致可信），其中 31% 的人睡眠时间为 6 小时或更少，64.8% 的人睡 7~9 小时，还有 4.2% 的人要睡 10 小时。这些人中，处于时间段两端的人群更可能面临肥胖、焦虑或糖尿病问题。

各种场合中，人们普遍自称有睡眠不足问题，尤其是中年男性。调查显示，五个爱尔兰人中就有一个睡眠不足。睡眠不足实际上已经是一个严峻的健康问题了。它会导致骨质疏松这一骨骼脆弱的问题。骨质疏松的检测指标之一是 P1NP 蛋白质，这种蛋白质在骨骼强壮时合成。睡眠不足的年轻男性，其 P1NP 蛋白质含量比常人低 28%。

睡眠不足还会让人更想吃垃圾食品，进而导致肥胖以及增加患糖尿病和癌症等风险。这也是一个简单的时间问题：我们清醒的时间越多，用来吃吃喝喝的可支配时间就越多。我们的身体也会产生更多所谓的"内源性大麻素"。这是我们体内自己合成的大麻素，会让你自然而然地想吃点东西。这种状况就像人吸食大麻后，即使不饿而然地想吃东西一样。当你睡眠不足时，体内会释放出更多的大麻素，让你步肥胖者的后尘，吃得越来越多。所以，无须抽大麻，只要一晚睡 4 小时，你就能获得"嗑药"般的亢奋感。

一项国际卧室状况调查（现在一项调查的名头都这么响亮了）曾在几个国家中展开。美国和日本的状况最差，平均睡眠时间比其他国家少 40 分钟。日本人的平均睡眠时长为 6 小时 22 分钟，美国人的是 6 小时 31 分钟。睡得多的是德国人、墨西哥人和加拿大人，睡眠时间都超过了 7 小时。所有国家的人都会在周末赖床，会在非工作日平均多睡 45 分钟。

这项调查的另一个引人注目的发现是，超过半数的墨西哥人和美国人都会在睡前进行祈祷或冥想。而在英国，43% 的人会在睡前小酌一杯，三分之一的人会选择裸睡。但在多数国家，至少有三分之二的人临睡前会看电视，而许多人闭眼前做的最后一件事是玩会儿手机。日本人爱和他们的孩子共享一张床，而美国人更爱和他们的宠物同眠。那哪些国家的人更爱穿着袜子睡觉呢？答案是美国人和加拿大人。也许是这两个国家的部分地区冬天要更冷的缘故吧。

最近有另一项睡眠习惯调查是通过在参与者的手机上安装应用程序来进行的，调查效果更佳。这项调查也大致证实了国际卧室状况调查的结果。其他有意思的发现还包括女性平均比男性多睡 30 分钟。此外，这项调查证实了随着年龄渐长，人所需的睡眠也越来越少。年轻人中，不同人的睡眠习惯千差万别，但年长者的平均睡眠时间减少到了 6 小时左右。

为什么人所需的睡眠时间会有如此大的区别？为什么有些人在白天某个时间也会犯困？为什么我们只要到了晚上就会昏昏欲睡呢？还有，为什么有些人晚上更精神（科学家们称呼这类人为"夜猫子"），而有些人早上更精神（他们被称为"晨雀"）？这一切都和我们体内的生物钟有关。这种身体随晨昏变化而变化的现象，术语称"昼夜节律"。正如我们可以通过手表判断时间，我们的身体也进化出了这个内生的小巧精准的时钟系统，让我们的身体知道当下的时间。自生命之初，地球就在永不停息地绕轴转动着，我们早已习以为常的日常变化——日出日落，便是由此而来的。

我们的生物钟让我们能在一天里准确安排日程。它就像你内部的日程计划表。几乎地球上的所有动物都有它。我们对它再熟悉不过了。我们在特定的时间感到饥饿，这个时间通常出现在白天；我们在其他时间感到困倦，而这个时间又通常在黑夜。若碰上倒时差，这些节奏便被完全打乱，导致倦意在错误的时间里袭来，从而导致三餐不定，情绪不稳。轮班工作者的日常生活节律混乱，其实并不利于其整体的健康状况。关于昼夜节律的研究有许多有趣的发现，它与我们的总体健康和幸福感有莫大的关系。

首先说明一下，在日常的一天里，我们的身体从早到晚都在发生着哪些事情。早上6点到9点，大多数人都会在这个时候醒来。当然，我们就不考虑青少年这种行为习惯总是有别于常人的奇怪生物了。我的母亲意识到我进入青春期，就是从发现我突然从一个早早起床、跑跑跳跳、活泼爱笑的小男孩，变成一个不到下午2点不走出卧室的青春期少年开始的。她很奇怪从前那个可爱的小男孩发生了什么。但对其他年纪的大多数人来说，他们都是9点左右起床的。这个时间的睾酮水平也达到了一天内的顶峰，也许是在为即将到来的这一天做准备吧。但他们也面临更高的心脏病发作风险，因为此时血液浓度较高，血压也较高。

这些变化看来是在让我们为迎接眼前新的一天以及新的挑战做好准备。上午9点到12点，压力激素皮质醇达到分泌巅峰，为我们的大脑注入清醒剂。午饭前我们的工作效率最高，同时也是我们短期记忆最好的时候。我们的身体会产生进食所

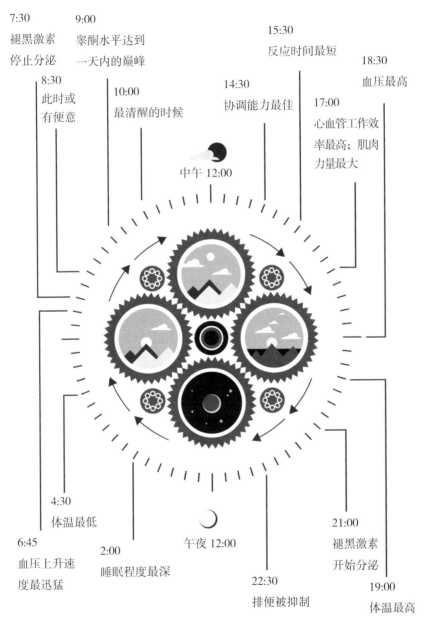

7:30
褪黑激素
停止分泌

9:00
睾酮水平达到
一天内的巅峰

8:30
此时或
有便意

10:00
最清醒的时候

中午 12:00

14:30
协调能力最佳

15:30
反应时间最短

18:30
血压最高

17:00
心血管工作效
率最高；肌肉
力量最大

4:30
体温最低

6:45
血压上升速
度最迅猛

2:00
睡眠程度最深

午夜 12:00

22:30
排便被抑制

21:00
褪黑激素
开始分泌

19:00
体温最高

生命的节律：我们是一套高效运行的机器，
我们的身体和行为根据生物钟日夜变化。

需的消化酶，而我们之所以感到饥饿，是因为一种叫"食欲素"的激素被释放出来。它刺激了我们大脑的相应区域，向我们传达"你饿了"的信号。中午12点到下午3点，则是我们喂饱肚子的时间。

一旦吃饱，我们自然就进入了熟悉的午后犯困、吃饱了就想睡的时候。这个时候，我们的清醒程度直线下降，马路上发生交通事故的概率就会更多了。选这个时候喝酒最不明智，它只会让你加倍昏沉。下午3点到6点，我们的体温稍有升高，心肺的工作效率更高，肌肉的强壮度有了6%的提升，所以这是进行体力劳动或健身的好时候，也的确有运动员试图利用这个变化来突破自己的个人最好成绩。

3点到6点？这个结论可真不友好.

晚上6点到9点是晚饭时间，但是不要拖得太晚，进食时间越晚，我们身体对食物的消化方式越可能发生变化。我们此时倾向于将食物转化为脂肪，所以夜宵并非明智之举。同样一袋薯片，相比稍早时候吃，在夜晚吃会使我们的身体堆积出更多的脂肪。这和人在白天更活跃，热量被迅速消耗有关，此外和夜间更显著的脂肪储存模式也有关系。一个有用的信息是，我们的肝脏在这时更易分解酒精，所以夜间是最适宜饮酒的时候。

晚上9点到子夜，该是进入梦乡的时候了。这时，最神奇的事情发生了，我们的身体以褪黑激素的形式为我们准备了安眠药片。当我们的眼睛检测到光线渐暗时，我们大脑中的松果体会分泌褪黑激素，让我们入睡。当我们跨时区旅行时，褪黑激素没有按照当地的时间来分泌，于是我们在错误的时间里哈欠连天、昏昏欲睡——这就是我们所说的"时差"。照进我们眼睛的光线会影响褪黑激素的形成——褪黑激素在光线转暗时分泌，所以我们的身体最终会适应新的时区。

蓝光即电脑或手机屏幕发出的光的波长会抑制褪黑激素的分泌，所以如果你想睡觉的话，那在睡前看电子设备并不是一个好主意。上夜班的轮班工作者，既要在夜晚对抗褪黑激素，又要面临在其他时间里难以入睡的困境。而且由于夜晚进食，他们的肥胖概率也会过高。因此，关于现下普遍的肥胖问题，其中一个原因就是人们睡眠不规律或睡眠不足，另一个原因就是在错误的时间里进食。

如果你是早起的晨雀，那么你的褪黑激素分泌的时间会稍早；如果你是晚睡的夜猫子，那么你的褪黑激素分泌的时间则会稍晚。不过这背后的控制机制，我们仍不得而知。制造蛋白质的基因控制着我们的昼夜节律，其中一种叫作"PER2"的基因似乎扮演了重要的角色，是人体生物钟里的关键齿轮之一。如果你的 PER2 基因是长型，那么你更可能成为晨雀，如果是短型，那你想必是只夜猫子。此外有一种病叫作"家族性睡眠状态提前综合征"，患有此症的人一般 19:30 入睡，4:30 起床。这种病症是家族性的，所以如果你的朋友圈中恰好有这样的一家人，那就不要在 19:30 给人打电话了，因为他们十有八九在呼呼大睡。此症是 PER2 基因突变导致的。这进一步证明了这种蛋白质对控制我们的睡眠周期的重要性。PER2 基因和其他成分根据阳光强弱安排活动，由此组成了我们人体的生物钟。如此说来，阳光就像每日为我们的生物钟上紧发条的那枚钥柄，而 PER2 就是那个被发条带动着运转不停的齿轮。

阳光维系着生物钟的运转，它的作用不可小觑，尤其当我们需要面对季节性情感障碍（SAD）时。这是一种情绪障碍，患者在一年的大部分时间都有良好的精神状态，但在冬天会感到抑郁，变得嗜睡而没有活力。这可能是由于缺少阳光导致的。在美国，佛罗里达州人的染病率为 1.4%，而阿拉斯加州人则为 9.9%，它与北欧国家的比率相近。这种身体反应或许与进化有关，为的是让我们在食物短缺的冬季减少活动。治疗 SAD 的一种有效手段是光疗法，即引入一个光照设备，通过逐渐增加释出的光线来在黑暗中模拟破晓。有理论认为，昼短夜长的漫长冬季抑制了褪黑激素的分泌，因此可以借助光疗法来恢复。而增加褪黑激素的释放本身也是一种有效的治疗手段。

关于昼夜节律和情绪的另一个引人瞩目的事实是，夜猫子更容易患上抑郁症和癌症。夜猫子们通常也更外向、好社交、自恋和滥交。对此有理论认为，这和动物学家们所说的"窃偶"行为有关。所谓"窃偶"就是如果你在晚上醒着，而你的竞争对手正睡着，那么你极有可能窃取到他或她的伴侣。当两个人都是夜猫子或晨雀时，他们婚姻关系破裂的可能性会更大。这可能是因为这样的两个人互相觉得碍事、互相看不顺眼的概率会更大。理想的婚姻是一个夜猫子搭配一个晨雀，因为这样他们便只能在特定的时间段里见面，性格会更互补。也许，让婚姻关系走向和谐的关键是要懂得将诸如育儿和家务等责任在更长的一天时间里进行交错分配。

撇开夜猫子和晨雀不谈，有些动物的生物钟是不依赖阳光的。比如生活在海里的毛足虫靠的是月光，海虱靠的是潮汐。也就是说，任何有规律可循的环境线索都能起到同样的作用。

午夜到凌晨 3 点，当你正酣然入睡时，此时水闸打开，将大脑中堆积了一日的代谢废物冲刷干净。如果你这时还醒着，那可就得小心了。你将度过漫长、黑暗的灵魂之夜，因为你体内的激素会让你的身体疲累，情绪也陷入谷底。这个时间里工伤意外更为频发，原因显而易见。待到 3:00 到 6:00，你仍希望入睡，但此时褪黑激素水平已经开始回落，以便做好让你醒来的准备。你的核心体温也变低了，因为能量从维系 37℃ 的体温转移到其他活动上去了，如皮肤修复。

睡眠能令你的皮肤光彩照人，因而也有驻颜的功效。此外，清理堆积在大脑中的代谢产物也需要额外的能量。近来研究显示，我们的免疫系统在夜间比在白天更为活跃。这有点奇怪，因为按理说，我们白天四处活动时更容易受感染，应该更需要用到免疫系统才对。原因可能是较不活跃的免疫系统或许有利于防范对轻微感染的防卫过当——过度免疫总是弊大于利的。此外研究人员也认为，免疫系统在夜间会将白天遇到的状况存储记忆起来，以便下次再遇到同样的病原体时能做出正确的反应。

但是，这个特点也会导致免疫系统疾病的发生。类风湿关节炎就是我们自身的免疫系统攻击我们自己的关节并致其损坏、伤痛的一类疾病。夜间病情加重，患者醒来时关节会出现严重的僵硬和酸痛。夜间，同样因肺部过度免疫而导致的病症——哮喘，其发病率也更高，而我们的肺部在夜间的活跃度正处于低谷。

就这样，经历了一个完整的 24 小时周期后，我们再次迎着鼓点声，或者说迎来我们的生物钟苏醒。昼夜节律告诉我们，我们实质上与机器并无二致，主宰我们的情绪、食欲和睡眠习惯的并非我们自己的选择，而是我们体内生物钟蛋白的运行。

当然，正如夜猫子有别于晨雀，人之不同，形形色色。有这么一种人，他们睡得极少，但看起来却依然活力十足。这个现象已经成为近来的一个研究主题。他们被称作"短睡者"，研究人员已经破译了其中的基因基础。这些每天只需要睡 4~6 小时的短睡者，他们中许多人的 DEC2 基因都存在突变。被赋予了这种基因突变的小鼠也只需要极少的睡眠，研究人员检测小鼠大脑时，发现了一个非常有趣的事实：它们负责感知和记忆的脑区之间的连接强度增加了。此外，小鼠也更不易发胖，此特点和人类短睡者相近。为什么短睡者仅靠常人一半的睡眠时间就能保持逍遥快活呢？看来是他们的睡眠质量更好的缘故。脑区连接强度增加，或许加速了代谢物的清理或加强了记忆巩固，而记忆巩固是睡眠的另一重要作用。

导致短睡的突变基因的发现是一个有趣的进展，科学家们定会乐于知道这个基因究竟有何用途。它很有可能是负责代谢废物冲洗的主调控基因，而清理代谢废物一直被我们视为人睡觉的关键意义所在。

你希望得到可以短睡的 DEC2 基因吗？你会用多出来的时间做什么呢？谁知道呢，或许未来会出现大量的基因改变的短睡者，他们"整夜狂欢，试试运气"[1]，在自得其乐中真正地抓紧了时间。

---

1   此处援引了傻朋克乐队（Daft Punk）的大热单曲《幸运儿》（*Get Lucky*）中的一句歌词"We're up all night to get lucky"。

第十一章

我们与食物的危险关系

我们的 味蕾 只能识别 五 种 味道：咸、甜、苦、酸、鲜。但我们的鼻子 能辨别 的气味 有上千种，因此它的 花样 要多 得 多。

　　地球上的所有生命都需要营养。吃，是因为我们长身体需要养料；吃，是因为我们需要提供给身体运转的能量。食物不仅能为油箱加满燃料，还能为组装一台新车提供所需的零部件。这一切看起来是如此简单。但关于食物和营养的科学常常争议不断，其中充斥着伪科学、商业利益和各种折磨人的东西。进入 21 世纪后，我们与食物之间的关系更为错综复杂，发达国家和地区正面临着日趋普遍的肥胖问题。

　　当下，我们对食物因何令人渴望已经有了较深的了解，也正致力于研制出更健康、更方便（不再依赖奶牛）的合成食品。谁能想到，对我们祖先来说这么简单的一件事（我饿了，得吃东西），现在竟变得如此复杂、如此令人不安？

　　在什么控制了我们的食欲、为什么我们爱吃某种食物、为什么有些人特别容易胖等问题上，科学已经做了深入的研究，也取得了大量的成果。肥胖问题，如今已俨然成为一个非常重要的医学问题，因为分析显示有 25% 的爱尔兰人有超重或肥胖的问题，而且这个比例仍在上升。超重将导致各种各样的健康问题，会增加心脏病和糖尿病的患癌风险。政府正在想方设法遏制这股肥胖潮，手段包括向糖业征税、要求加工食品降低脂肪含量等。食品生产商和监管者之间的矛盾似乎永远无法调和。食品生产商希望保住商业利益，而监管者要的是确保民众不因此而得病。

但有一点毋庸置疑，那就是高糖饮食催人发胖。理由很简单。我们的身体是石器时代的身体，也就是说，这副躯体是为 20 万年前的生活环境准备的。当时食物匮乏，所以一旦有得吃，我们就会尽可能地多吃。吃饱喝足后，多余的能量会以脂肪的形式储存起来。我们的身体对于如何将糖转化为脂肪尤其拿手，因为脂肪是储存食物的最佳手段。脂肪分解后释放出的能量是巨大的——至少是同样数量的糖分解产生的十倍，所以我们会将糖转化为脂肪储存起来，以备不时之需。

可现代人的处境已经截然不同了。我们不但极少挨饿，相反，还总是大鱼大肉地胡吃海喝。结果呢？我们变成了胖子。火上浇油的是，我们远古祖先的生活方式是外出狩猎，抓到猎物再吃，然后继续狩猎——跑、吃、跑，而不是"跑，胖男孩，快跑"[1]。于是现代生活方式有一个致命的组合：不跑不跳，却胡吃海喝。我们的久坐习惯也对我们不利。吃是马斯洛动机论中的基础需求之一，所以也就难怪在如今物质丰盛的年代（至少多数国家是如此），我们总是吃得停不下来。

1　出自一部英国喜剧片的片名：*Run Fatboy Run*。

但事实真的这么简单吗？最近的研究显示，我们的食欲、食物偏好，以及食欲的"闭闸口"——告诉我们"别再吃了"的身体反应，实际均受相应激素的调控，而科研人员已经找到了它们。正是由于这些激素水平失衡，才导致肥胖。有些激素名念起来像七个小矮人的名字，比如瘦素（leptin）和食欲刺激素（ghrelin）。其余的则更复杂些，如FGF21——一种阻止我们嗜甜的激素。这些研究使我们在何时吃、为何吃、吃什么和何时决定不吃等方面了解到了一些颇有意思的内情。

科学家们在饥饿和饱腹上的研究已持续数十年。饥饿感和饱腹感，都是感觉的一种，饥饿是对食物的生理需求，而当这种需求不再存在时，则为饱腹。一般情况下，几个小时不吃东西就会产生饥饿感，这种感觉实在不好受，于是我们被驱使着去寻找食物。饱腹感则在进食后的5~20分钟后产生。瘦素的发现带来了突破。这种激素主要是由脂肪细胞组成的，通过不让你感觉到饥饿来调节人体内的能量平衡。瘦素的发现着实令人兴奋了一把。是不是可以靠它来让人们停止进食？遗憾的是，事情的发展远不如想象得那么简单。

瘦素是在肥胖小鼠实验中发现的。1949年，美国科学家发现其中一个实验品系的小鼠食量惊人，体重也惊人。这些小鼠被命名为"ob/ob小鼠"（"ob"即英语单词obesity的缩写，意思是"肥胖"）。此后另一个品系的肥胖小鼠被发现患有糖尿病，被称为"db/db小鼠"（"db"为英语单词diabetes的缩写，意思是"糖尿病"）。随后在1990年，ob/ob小鼠携带的缺陷基因被找到了。这个基因的主要功能就是合成瘦素（瘦素英文名leptin源于希腊语中的"瘦"）。原来，ob/ob小鼠缺少瘦素，而db/db小鼠细胞中则因为缺少瘦素的感受器（"受体"），而无法感知它们自身的瘦素信号。但总而言之，两种小鼠的肥胖原因均可归结于瘦素的某种缺陷：ob/ob小鼠没有分泌瘦素的能力，db/db小鼠则没有响应瘦素的能力。

ob/ob 小鼠（左）天生肥胖。它们无法分泌一种能控制饥饿感的
被称作"瘦素"的激素，因而暴饮暴食。

此后，一位爱尔兰科学家斯蒂芬·奥瑞希里（Stephen O'Rahilly）在人类身上有一个重大发现：重度肥胖儿童之所以肥胖，是因为不能分泌瘦素，情况有点类似于 ob/ob 小鼠。这些患者被注射瘦素后，体重下降的速度令人瞠目。他们此后也一直得以维持正常的体重，但前提是必须每日接受瘦素的注射。从这时起，瘦素才被当作治疗手段，被应用到更广泛的肥胖症治疗中去。肥胖人群只要接受瘦素注射，就会因为感觉饱而不再吃东西吗？科学和医学就是这样，到嘴的水杯还可能滑落（这是一个再合适不过的比喻了，特别是如果这个杯子里盛的是高糖饮料的话）。事实证明，大多数肥胖者体内的瘦素水平已经很高了，因为他们的体脂含量较常人的更高，而负责分泌瘦素的正是人体的脂肪细胞。他们的体内实际上已经形成了所谓的"瘦素抵抗"，所以即使是高水平的瘦素也无法发挥控制饥饿、调节体重变化的功能。

虽然瘦素并不是一种鼓励你大吃大喝的激素，但基于瘦素的研究已经让我们看到激素调节体重的复杂性。倘若瘦素水平处于低位，或许会成为一个饥饿信号，促使我们多多进食。当瘦素水平恢复正常，它会说："别再找吃的了，因为你储存的脂肪已经够多了。"而导致肥胖的部分原因可能在于我们的身体无法对自己的瘦素做出响应。研究人员正在尝试让肥胖者提高对自身瘦素的响应度，这和 2 型糖尿病的治疗手段类似。目前治疗糖尿病的几种用药都是从提高人体内胰岛素的敏感性上着手的。

　　如果瘦素不是增加饱腹感的关键，那么谁是呢？这和你大脑中的一个特殊区域有关，它被称作"腹内侧核"，位于下丘脑。事实证明，大脑中的这个区域的确能感知你血液中的营养浓度，包括升高的血糖、脂肪和（源自蛋白质的）氨基酸的水平。其中，它对氨基酸浓度的敏感性尤其高。所有这些在血液中的氨基酸都起着控制食欲、减少整体进食量的作用。这或许能解释为什么高蛋白饮食能帮助我们降低体重。

　　心理学的作用同样不可小觑。如果你反反复复盯着一张食物图片看，结果就是看都看饱了，至少在短时间内是如此。这大概是为了防止你过度食用同一种食物，造成营养失衡。瘦素研究让人们发现了另一个调节食欲的激素：胃饥饿素。当体内的脂肪存量不足，瘦素水平降低时，就会触发胃饥饿素的分泌，因此胃饥饿素又被视为瘦素的从属激素。

　　胃饥饿素的确会让你感觉饥饿。研究显示当胃饥饿素浓度增高后，我们看见食物时会胃口大开。如果你在看食品广告时感到饿，想吃东西，大概就是胃饥饿素在发挥作用。另一个有趣的发现是，胃饥饿素也会在你感到压力时分泌。这或许解释了为什么我们在压力大时会感到饿。在这个时候食欲不振或许不是一件好事，因为压力大时正是需要能量的时候，此时减少进食可能会增加营养不良的风险。目前研究人员正在探索如何将胃饥饿素应用在刺激老年人以及食欲下降的癌症病人的食欲上。GLP1 是另一种或许也是更重要的一种食欲刺激物，因此关于这方面的研究也十分活跃。

近来的研究还包括另一种有趣的激素，即 FGF21。这是一种在我们摄入糖分后产生的激素。FGF21 的工作是调节我们的糖分摄入量。那些大量分泌 FGF21 的人，比较不容易被路边的自动贩卖机诱惑；而 FGF21 分泌少的人，面对各种甜食十有八九是把持不住的。研究显示，不管饮食有多节制，我们中有些人想要克制吃甜食的欲望难如登天，其中的原因可能是较低的 FGF21 水平。此前，这种激素已被发现能减少老鼠对于糖分的摄入，而近来的研究则确认这一作用也存在于人体。

在丹麦进行的一项研究，对象包括 6500 名丹麦人，研究人员发现那些携带某种特殊类型 FGF21 的人，嗜甜可能性高达 20%。这些人群所携带的实际上是有缺陷的 FGF21，导致他们更喜好蛋糕和甜食。肝脏可以感知人体血液中的糖分含量，从而开始分泌、传输 FGF21，向大脑传送"停止吃糖"的信号，于是我们对糖的渴望减少，不再认为甜食有那么大的吸引力。

这类研究或许能帮助人们减重。假设我们能对目标人群人为地提供 FGF21，应能抑制人们对甜食的渴望，从而减少脂肪的生成。但是科学研究的道路上一如既往地荆棘丛生。事实证明，携带有缺陷的 FGF21 的人，他们肥胖的概率实则更低。这个结果令人大为吃惊，我们设想的情境和实际情况相反，毕竟这个人群摄入的糖分更多。显然，肥胖并不完全取决于糖分的摄入量，久坐习惯的影响也不可小觑。或许 FGF21 还扮演着其他角色，比如加强运动——可能是为了买到更多的甜食而一路跑着去商店的运动吧。

但无论如何，研究的确为我们揭示了这样一种激素是如何控制我们的吃糖量的。换句话说，虽然给自己简单打一针激素，通过抑制食欲来帮助减肥这件事似乎不太可能，但这仍然是一个值得深入研究的课题。与此同时，有几类饮食类型被证明对减肥人士是有帮助的，包括低碳水饮食（起效原因可能是蛋白质中的氨基酸都被你吃了，因而使你产生了饱腹感）、地中海饮食（食谱上主要是大量的橄榄油、蔬菜、鱼和浆果），还有完全剔除加工食品的原始（或旧石器）饮食法。这些饮食模式都被证明可以帮助人们减肥或缓慢增重，但言简意赅的建议仍然是：少吃，多动。

我们已经知道了 FGF21 能够确保减少糖分的摄入，但对某种食物的渴望又该做何解释呢？我们都经历过突然食指大动的时刻，你可能没来由地想来点盐醋味薯片或者一袋太妃糖。而一些人想吃的东西，又会让另一些人嗤之以鼻。我们这种对食物的渴望从何而来？或许，这种对食物的偏好于我们仍在娘胎里时便已部分成型。比如，一个爱吃胡萝卜的人，生下的孩子也会爱吃胡萝卜。而所有的哺乳类动物都喜好甜食，也许是因为甜味是母乳的主要味道。

研究显示，高脂高糖饮食的妈妈所生下孩子的肥胖概率更高，而且对其他食物（包括酒精和毒品）成瘾的风险也更高。所以你要怪就怪你的母亲，说你的甜甜圈瘾、威士忌瘾或飙车瘾都是她造成的（但必须说明的是，这背后的科学依据还不是特别可靠）。它的作用机制大概是这样的：当我们进食时，大脑会分泌出大量的多巴胺，让我们心情愉悦。

多巴胺是一种与奖赏有关的神经递质，同样会被酒精和毒品所触发，所以我们才会对其成瘾。这就引来下一个问题：我们会对食物成瘾吗？从某种程度上来说，是的，我们会。一项研究对吃过巧克力冰激淋的青少年进行脑部扫描，发现那些平常偶尔吃一两回的青少年此时脑部活动异常活跃，而那些经常吃的人此时脑部信号则弱很多，并显示出对此类食物极低的敏感度。可能出现的一个后果是下一次他们再吃同类食物时，会吃得更多，以获得与此前同样的快感，直到他们出现耐受性。

心理因素在这个过程中同样扮演了重要的角色。不知道为什么，同样的食物，装在圆盘子里会比装在方盘子里吃起来感觉更甜。铜勺会让食物吃起来发苦。放在白盘子里端来的草莓慕斯会增加 10% 的甜度，咖啡如果盛在透明的蓝色玻璃杯里喝起来会不那么苦。红色饮料让人觉得更甜，黄色饮料让人觉得更酸。一款产品名为"Tab Clear"[2] 的无色可乐在推出市场后销量惨淡，虽然它的口味和常规的可乐一模一样。但至于为什么会这样，我们毫无头绪，品尝食物明明靠的是舌头上的味蕾啊！

2　可口可乐公司于 20 世纪 90 年代初在美国市场上推出的一款透明的零色素（常规可乐的颜色完全来自额外添加的焦糖色素）的无糖可乐，但其很快就从市场上消失了。

　　而许多味觉上的体验其实离不开我们的嗅觉。你大可以试一下捏着鼻子吃薄荷，会发现薄荷变得寡淡无味，直到放开鼻子的瞬间，薄荷的凉劲才会直冲脑门。你虽用味蕾品尝薄荷的滋味，但嗅觉也功不可没。我们的味蕾只能识别五种味道：咸、甜、苦、酸、鲜。但我们的鼻子能辨别的气味却有上千种，因此它的花样要多得多。我们"品尝"甜瓜和菠萝的主要途径其实是嗅觉。

　　随着年龄渐长，我们的嗅觉会变得越来越不好使。这也是老人常抱怨食物没味道的一个原因。另外，我们的味觉和嗅觉到了飞机上会处于半失灵状态。在离地面3万英尺（约9144米）的高空上，我们先丧失的身体机能是嗅觉和味觉，再加上人见人爱、妙不可言的飞机餐，简直是灾难的标配。当身处加压舱时，我们对咸味和甜味的感知度会下降30%。这是由于机舱内湿度骤减、气压降低导致的，甚至嘈杂的背景噪声也是原因之一。航空公司会在食物中加入更多的盐和调料来让它们更具风味。果酒在高空中尚能保留一些滋味，真正的悲剧是香槟，因为香槟到了高空后会变得酸不溜丢的。

　　未来的食物将何去何从呢？对肥胖症群体来说，改变饮食模式和加强运动总归是关键，但由于对高糖、高盐、高脂的本能渴望，再加上体内激素的调控，这两者对他们来说都非易事。也许未来的食物在于合成食品。这是一个相当热门的研究方向。减少肉类生产的原因之一是拯救地球。因为肉类生产是温室气体的一大来源。在爱尔兰，三分之一的温室气体来自农场动物排出的甲烷，甲烷作为一种温室气体，其危害是二氧化碳的八倍。

如果人工合成肉可行，那么我们可以改变肉类的组成，让它变得更健康、更有营养。2015 年，世界上第一个人工培育汉堡问世。这个汉堡的制作流程包括提取牛的细胞，将其放入培养液中培育，使其生长至一种类似肌肉组织的物质，最后将这些条状物叠加梳理成肉条。整个过程历时 5 年，耗费了数以亿计的细胞、蛋粉、甜菜根汁、面包屑、盐和藏红花（以添加肉的滋味和口感）。此外，它的制作成本高达 33 万美元，所以它暂时还不会出现在你家附近的超市里。

图为 2015 年首次问世的全人造汉堡。它的制作耗费了数以亿计的牛的细胞，并添加了蛋粉、甜菜根汁和其他各种原料，制作成本高达 33 万美元。

不过已经有好几家公司开始在人造食品的道路上探索。其中最著名的是"不可能食品公司"，它背后的投资人包括比尔·盖茨，以及谷歌的传奇人物拉里·佩奇。和硅谷其他创业公司一样，他们的卖点也遵循"去中间化"原则：减少不必要的中间环节。就像亚马逊撇开了书店，不可能食品公司撇开了居于其间的牛。盖茨的投资灵感来自发展中国家不断增长的中产阶级数量，因为财富的增长，随之而来的就是对肉的需求。这家公司已经在美国的几家餐馆中出售它的汉堡，据称其销量令人感到前景光明。那么它是如何克服高额的成本，让人们吃得起的呢？

不可能食品公司的创始人是生物化学家帕特里克·布朗（Patrick Brown），他知道肉的关键原料是一种叫"血红素"的物质。肉的红色色泽以及部分的蛋白质便来自血红素。布朗想到豆科植物中也含有类似的蛋白质，于是他在自家附近的一个山头上采来大豆茎叶，从中提取血红素，随后在血红素提取物中加入小麦和马铃薯的纤维素，并加入椰子油代替动物脂肪，加入来自亚洲的魔芋代替骨胶。这些汉堡脂肪含量低，比之普通的汉堡，胆固醇含量要低很多，因此不易导致发胖。布朗目前在一家公司生产人造汉堡，雇用员工 140 名。肉类的生产原本依赖吃草料的牛来供给牛肉，布朗实际上是将牛踢出了这条产业链，现在的结果是直接从草料到"肉"了。

一个重中之重的问题，毫无疑问是它的口感。它必须和一个普通的汉堡一样，满足我们的口腹之欲，从而刺激多巴胺的释放。不可能食品公司正在研究如何让它"嘶嘶作响"，力图还原汉堡被烤制时的情况，以及入嘴后它的那股立即占领口腔、令人回味的浓郁滋味，如此种种正是一个汉堡惹人垂涎的关键所在。为了识别这些风味物质，研究人员将普通烤肉投入一个巨大的质谱仪（一种能高度精确识别化学物质组成的仪器）中。人的鼻子也能闻到嘶嘶作响的肉的味道，闻到那些所谓散发出的味道，而除了"黄油味""肉焦味"，更有一些出人意料的形容词，如"臭鼬味"和"发臭的尿不湿味"。不可能食品公司成功地在他们的汉堡上复刻出了其中的部分风味。与此同时，他们还在研发猪肉和鸡肉，但牛肉汉堡仍然是他们的主打产品。这是因为汉堡肉消耗巨大：麦当劳每年要卖出 50 吨牛肉。如果这个数字中的一部分能被人造汉堡代替，以及葡萄糖浆含量更少的饮料能上架销售，那么对降低人群的肥胖率将有重要意义。

人造食品当然并不是什么新鲜的东西。加工奶酪早已在市场上行销多年，这些

奶酪中包含了各种填充物、油脂和乳化剂，却通常不含奶酪。类似的还有随处可见的黄油替代品。这就像橙汁不是橙汁，而是数种浓缩果汁的提取物勾兑香精的结果。这些食物和天然食物一样会在我们脑中激活神经通路，但我们得到的营养则减少了。不幸中的万幸是一瓶合成果汁仍然能刺激 FGF21 的分泌，从而阻止你越喝越多。

　　人造食品前景可期，食品已成为一大商业热点，亟待创新和新市场的开拓，但随之而来的食品造假已成为一个令人头疼的问题。你怎么知道正在吃的这个东西是它标签上说的那种东西呢？据称，食品造假每年消耗全球食品业 490 亿美元，前三大掺假食物依次是食用油、牛奶和蜂蜜。2013 年，欧洲深陷马肉风波，多国的牛肉制品均发现含有马肉。食品供应的可追溯制度的不足在这场风波中暴露无遗。在英国，27 个送检的牛肉汉堡中，有 37% 被检出含有马的 DNA，有 85% 被检出含有猪的 DNA。一家爱尔兰公司（Identigen）走在了前列，利用 DNA 鉴定技术对牛肉追本溯源。通过它以及像它这样的企业的努力，至少在肉类行业中，食品造假问题应该能大大减少。

　　马肉丑闻至少给 2013 年的我们带来一个好笑的笑话：汉堡包（Hamburgers）是哪个词的变位词？答案是"马屁"（Shergar Bum）[3]。说到食物，也许我们应该记住著名的科普作家亚历克斯·莱文（Alex Levine）说的这句话："只有爱尔兰咖啡[4]会在一个杯子里同时提供四种必需食品——酒精、咖啡因、糖和脂肪。"爱尔兰作为美酒佳肴的提供者，理应感到自豪。只要我们能摆脱肥胖症的流行，从食品业和营养学的角度来说，指不定就能成为全欧洲的楷模。

3　变位词指通过改变单词中字母顺序得到的新词。Shergar 是爱尔兰一匹著名赛马的名字。

4　爱尔兰咖啡是一款鸡尾酒，由咖啡、爱尔兰威士忌、糖混合搅拌后加上一层奶油制成。

第十二章

真实世界和想象世界的超人

研究人员仔细**研究**了那些**高寿**的**老烟鬼，**发现起**保护作用**的似乎是一组基因，它们可以**修复**DNA损伤。

漫画和好莱坞总是乐此不疲地讲着这样的故事：在一个反乌托邦的未来，经过基因改造后的人类变得更强壮、更健全，直到有一天，局面彻底失控。当我们试图预言未来，结果却总是很糟糕，1982 年的电影《银翼杀手》就是一例。电影描摹的是 2019 年的洛杉矶，那是一个反乌托邦的世界，"复制人"由人类基因工程制造出来，被派往远离地球的地方执行殖民任务。有些复制人成功逃脱并返回地球，由哈里森·福特（Harrison Ford）饰演的特勤人员（"银翼杀手"）负责将他们缉拿正法。整部电影因而呈现出高度发达的科技感，除了一样事物：有一幕场景是福特需要打个电话，然后你猜怎么着？他用的是投币电话。荧幕上满是酷炫惊人的科技元素，结果连个移动电话都没有。这足以说明预测未来是一件多么危险的事。

但是，近来基因工程学中出现了一种新技术——CRISPR（成簇的规律间隔的短回文重复序列）基因编辑技术，让基因改造人类的可行性又更进了一步。未来是否可以通过纠正缺陷基因而使人百病不侵？对于那些天生就具备抗病优势的人，我们是不是可以将他们的信息应用到所有人身上呢？我们是否能制造出一个像芬恩·麦克库尔（Fionn MacCumhaill）[1] 或蜘蛛侠这样的人呢？我们能否制造出一个拥有更强健肌肉的人，或者一个眼能观六路、耳能听八方的人？

其实创造一个超人并不需要太先进的技术。早在远古的非洲大陆上，自打男人遇见女人起，人类就一直在这么做了。正如我们在第三章中所说的，女人基于对男性特质的判断来挑选伴侣，这些特质也许包括智识，或共同抚育后代的可能性等。

1　凯尔特神话中的爱尔兰传奇英雄。

与此同时，男人挑选伴侣的基本准则是女性呈现出来的生育能力，比如一头亮丽的秀发，或凹凸有致、显示脂肪存量的身段。而匀称的脸蛋则受到两性的一致青睐，因为它代表这个人发育正常、基因优良。

但是未来其或许还包括准父母们基于精子和卵子的检测来挑选下一代的特质。近来，基因检测公司"23与我"（23andMe）的一项名为"家庭遗传特征计算器"的专利获批（专利第8543339号），准父母可以通过这项基因计算技术，精心挑选一位精子或卵子捐献人，未来的孩子很有可能会继承这位捐献人的某些遗传特质。精子库已经提供了大量捐赠者的信息，包括社会经济状况、家族谱系（有多少兄弟姐妹、姑表姨亲之类的）、智力水平等，不一而足。

成功人士的精子可谓一"精"难求，他们（包括诺贝尔奖的获得者们）隔三岔五便被邀请捐精。据说其中一位诺贝尔奖得主对此是这么回应的："你们想要的不是我的精子，是我爸的，因为是他生的我。而他是纽约一名出租车司机。"美国一家体外受精诊所针对胎儿性别挑选的收费是2500美元，分别有男性（XY）和女性（XX）的精子可供选择。但是，"23与我"公司要做的是通过基因检测来选择一位"合心意的捐献者"。这意味着在捐献人的基因与这位精子或卵子的接受人的基因结合后，未来的孩子将带有这些经挑选的遗传特质。这种检测还可以预防严重的先天性疾病，如囊性纤维化和亨廷顿病。我们无须担心这类活动的道德风险，因为选择行为在受精前就已发生（当然，除非你认为每一颗精子都是神圣的）。

他是纽约一名出租车司机。

但"23与我"公司的这项专利已经跨过健康问题，涉及诸如身高、体重、瞳色，以及如温暖、幽默这样的人格特征和令人更擅长耐力运动的肌肉性能这样的特质。当然，这些设想并不能完全实现，因为这些身体特质的遗传基础还未被研究透彻。此外，后天环境因素也扮演了重要角色，或至少是与遗传因素并驾齐驱的。

不过，技术还未发展到这个地步。目前，"23与我"公司还没开始提供这项服务，但他们为此申请专利的事实足以表示不是他们就是别人终有一天会这么做的。哪里有利可图，哪里就有商人逐利的脚步。在一项调查报告中，有一位为人父母者说了这样一句话："如果送孩子上普林斯顿大学要花10万美金，那么我愿意花2万美金让我的孩子赢在基因这条起跑线上。"有钱人只要花钱就可以确保他们的后代拥有最优秀的品质，而这毫无疑问会将我们带向一个"美丽新世界"。

请给我一个完美的孩子。

目前，"23与我"公司可以提供个人 DNA 检测服务。它可以给你一系列基因信息，包括预测你在超过200种疾病上的患病风险。我借此检测了自己的 DNA，了解到我对一种叫作"华法林"的抗凝血药物高度敏感。此外，我容易感染一种可以让人在冬天里上吐下泻的诺瓦克病毒，并有较高的老年失明风险。我还发现原来我和演员苏珊·萨兰登（Susan Sarandon）是远亲。基于我的遗传特质，我与苏珊共同出演电影并饰演一个"瞎了眼的吐血男人"的可能性似乎微乎其微。

CRISPR 技术的发现让基因改造变得不再那么遥不可及。这有点像从手动搅拌器过渡到了料理机。CRISPR 第一次被发现是在一个细菌里，在一种叫作"Cas9"

的酶中，这种细菌能够自我防御，从自身基因组中消灭外来的病毒基因。同样的作用机制可以被运用在任何一个细胞上，科学家们现在已经可以将某个基因移除，或用修正后的基因换下原来的残缺基因。近来，有科研人员将这项技术应用在人类的胚胎上，并确定了一个与心脏病有关的基因。这个人类胚胎并未被植入子宫，虽然这么做并没有技术难度。

狗、山羊和猴子都已经被进行过基因编辑实验，但猪的基因改造工作向来是备受关注的。所谓的迷你猪，是指体重被改造为正常猪的六分之一，并作为宠物出售的猪。此外肌肉更发达（意味着有更多的肉）的猪也被制造出来了。它全身上下经过修改的DNA共有62处，以备出产可能对人类有用的器官。这是一个值得称颂的目标，因为有许多需要器官移植的病人正在等待一个捐献者的出现，所以如果与人类肾脏相近的猪肾能被投入使用，那么便能完成更多的移植手术。相比之下，这个改良就显得不那么重要了：山羊的羊毛被加长了，以便生产出更多羊绒。还有一项振奋人心的实验：改造蚊子的基因让它们成为无菌的。经过基因改造的蚊子将和其他蚊子竞争，并使变异基因通过繁衍遍及整个种群。这将有望消灭借由蚊子散播的疟疾。

我们可能是千古罪蚊了。

但CRISPR的人体试验一直饱受争议，许多国家对此严令禁止。国际准则也明确指出CRISPR不应被用于改造人类。人们担心事情一旦开始，将一发不可收拾，从而导致地球种群特质发生翻天覆地的变化。那将是有史以来的第一次，地球上出现一个物种（也就是我们）可以轻轻松松地逆天改命，而且不用再走"物竞天择，适者生存"的老路，而是定向干涉，一劳永逸。

　　没人知道这条路将带我们走向哪里。对此，很多人不寒而栗，他们列举优生学可能带来的种种问题。在这之前，针对增强基因的讨论在很大程度上只被当作理论性的探讨，但CRISPR的发现改变了这一切。基因编辑变得更灵活、更准确、更低成本，也变得比以往任何技术都更容易操作。中国的科学家们近来就成功地将CRISPR应用于人类胚胎。然后在英国的一项关于早期发育的研究中，这项技术也被用在了人类胚胎的基因修正上。目前只有丹麦和德国禁止在人类胚胎上应用CRISPR。

　　将CRISPR用于纠正新生儿的先天缺陷的游说力量很强大。据估算，每年新生儿童中有790万人具有先天缺陷。而CRISPR有望能让他们幸免于难。近来一项利用CRISPR技术编辑人类胚胎基因的实验获得了成功，显然，这意味着这项技术终有一天会被通过，但毫无疑问它必须被严格管控。

　　那么如果可以的话，我们会修正自己的什么基因呢？我们或许可以制造出一个不会患病的超人，这么做可能需要修正或删除一个缺陷基因。囊性纤维化就是一个很好的例子，是一种因编码体内CFTR蛋白质的基因发生突变而导致的疾病。这种CFTR蛋白是一种氯离子通道蛋白，负责维系肺部的水盐平衡。而囊性纤维化患者的CFTR蛋白则无法正常工作。目前市面上已经有相应的药物，它通过与CFTR的结合令其发挥效用。其中最著名的是美国福泰制药研发的伊伐卡托，它对囊性纤维化有极大的改善作用。但如果你能在胚胎时期就利用 CRISPR 技术修复缺陷基因，就能从根本上解决问题，一劳永逸。而因基因缺陷引起的疾病绝不止于此，所以才令人苦不堪言。

最近的一项研究另辟蹊径。通常，医生的做法是先检查病人的身体，诊断身体哪个部位出错，然后施以相应的治疗手段。而近来医生们开始研究那些本应得病却没有得病的人。有些人天生不会感染艾滋病，尽管他们长期暴露在病毒之中。为什么会这样呢？我们也都听过那位抽了一辈子烟却没有得肺癌的老奶奶的事迹。这是一群值得研究的人。近来一项研究发现了 13 个罕见的人，这 13 个人都携带本应致死的变异基因，而事实证明这些人免疫于自身的遗传疾病。最要紧的问题是他们是怎么做到的？

这个项目的研究样本有近 60 万人。其中一人本应患上囊性纤维化，但事实上并未受影响。另有一人本应罹患斐弗综合征（一种能够影响骨骼生长的疾病），可人家活得好好的。究其原因，应该是有其他的突变基因保护了他们，相当于他们自己为自己准备好了免于患病的药，科学家们正在尝试找出这些变异基因。它们若能被用于人类基因改造，将为疾病的预防提供可能。一个更大规模的"恢复力"研究项目正在着手寻找更多这样的人，尤其是那些携带更常见致病基因而没有得病的人，这类免疫人群对我们的帮助将会更大。

就艾滋病一例来说，研究发现有人长期暴露在病毒中却从未受到感染。经研究分析，这是由于他们负责编码 CCR5 蛋白的基因发生突变导致的。这种蛋白位于 T 淋巴细胞表面，而 T 淋巴细胞正是艾滋病病毒——人类免疫缺陷病毒（HIV）所感染的细胞类型。艾滋病病毒首先与 T 淋巴细胞结合，然后侵入其内部。而那些不受病毒感染的人，他们的 T 淋巴细胞会让艾滋病病毒无法附着。这就像房门换了锁头，旧的钥匙不再适用，病毒就无法进入。

马拉韦罗就是在此基础上研发出来的一类药物，通过与 CCR5 的结合来阻止病毒的进入。事实证明它小有成效。CCR5 的免疫变异基因若能被编辑进入人体基因，那艾滋病病毒将成为历史。我们的免疫系统是从我们的远古祖先那里继承来的，为了在病毒随处可见的环境中存活下来，它们历经洗礼，逐渐演化至今。

免疫系统基因是人体演化速度最快的一种基因，因为免疫系统基因与传染细菌、病毒和真菌的战斗从未停止过。所以，假如艾滋病继续为祸人类，结果就是只有那些携带 CCR5 免疫变异基因的人才能存活下来。

那么吸烟者呢？研究人员仔细研究了那些高寿的老烟鬼，发现起保护作用的似乎是一组基因，它们可以修复 DNA 损伤。吸烟会造成 DNA 损伤，导致基因突变，从而引发癌症。但在免疫人群中，这类损伤被修复，阻止了癌症的发生，就像他们有一个拼写检查程序，能够自动更正由吸烟导致的 DNA 编码错误一样。这种经过改装的拼写检查程序可以阻止来自各种环境毒素和污染物的损害，若被用于基因工程，可为人体抵御一系列因环境因素导致的癌症。烟民中有一半因吸烟而死，所以如果我们能掌握阻止吸烟造成损害的机制，那么将大有用处。

英国最长寿的烟民温妮·兰利（Winnie Langley）在 102 岁离世，医生们推算她一生中抽掉的烟总计有 17 万根。她的烟瘾是在第一次世界大战爆发几天后沾染上的，当年的她只有 7 岁。但温妮活得比她的丈夫罗伯特和儿子唐纳德都长。在去世之前，她决定从每天 5 根缩减到 1 年 1 根，原因用她的话来说是"信贷紧缩"了。这或许导致了她的离世。当然，她的基因值得一探。

运动能力向来是研究的热点。科学家们正试图让我们的肌肉更好地工作，包括增强老年人的肌肉力量，或帮助研究治疗肌肉萎缩病的新疗法，如迪谢内肌营养不良（DMD）。肌肉萎缩病很多是具有遗传性的，DMD 就是编码抗肌萎缩蛋白的基因上出现突变而导致的遗传病。不过话说回来，一旦我们有了干预能力，就有希望创造一个拥有惊人爆发力或耐力的超人吗？

抗艾药物马拉韦罗的发现得益于对天生不会感染人类免疫缺陷病毒的人群的研究。

东非运动员历来因其优秀的长跑能力为人称道。这是为什么呢？据说这和他们的基因有关，因为那一小片资源贫瘠的地方所成就的奥运会奖牌获得者多得不成比例。有一些证据表明东非人独有的体格——又细又长的腿，或是他们的成功秘诀之一，但能解释其成就的遗传特质依然有待寻找。也有可能是因为他们从小就跑得多。一项调查显示，这些优秀的运动员小时候从家到学校的单程距离从 5 千米到 19 千米不等。这些未来的运动员便这样每天跑着去上学，又跑着回家，毅力和耐力也许就是这样锻炼出来的。高原训练[2]或许有用，但最主要的还是他们为自己、为家人争取经济成功的欲望在驱使着他们拼命奔跑。此外，也有证据显示，一种负责编码肌肉蛋白的 ACTN3 基因和跑步技能关系密切。ACTN3 基因的未变异体与爆发力有关，而变异体则与耐力相连。因此就运动表现而言，遗传因素也许功不可没。

有一种用在兴奋剂里的激素叫"促红细胞生成素"（EPO）。它的作用是刺激骨髓生成红细胞。红细胞负责将氧气运送到身体的各个部位。注射 EPO 后，你的体内会生成大量的红细胞，也就意味着更多的氧气被输送到肌肉中，使肌肉燃烧更多燃料，获取更多能量和耐力。唯一的问题是由于红细胞增多，你的血液会变得异常浓稠，使心脏承压增加，从而增加了患心脏病的风险。

但是，有人生下来就比其他人拥有更多的 EPO，也就有着比常人更出色的肌肉。有一种和它类似的叫作"NCOR1"的蛋白质被发现可以促进肌群生长。当一只小鼠的这个基因被修改后，它的肌肉强壮程度就变成了普通小鼠的三倍。它实际上已经成为一只超级鼠了。因此人们推测基因兴奋剂是否能进入运动赛事，通过在运动员们的身体组织中注入天然的基因，让身体合成天然的蛋白质，也就不会留下任何服用外源性兴奋剂的证据了。这么做会带来什么风险还是个彻底的未知数。

2　高原训练是一种通过在高海拔地区对运动员进行训练以提高其耐力的方法。盛产长跑运动员的肯尼亚和埃塞俄比亚均地处高原。

鉴于创造一只超级鼠已经成为可能，科学家们便兴致勃勃地推测起创造一个超级英雄的可能性有多高。许多传奇故事中的英雄天生神力。爱尔兰英雄芬恩·麦克库尔可以举起马恩岛大小的巨石。在美国，漫画作品和好莱坞总能通过各种办法让人类拥有超能力。我们都看过这样的电影情节：深夜，一位科学家正在实验室里埋头工作（毫无疑问是在创作"土豆泥怪兽"[3]）。就在此时，不幸发生了。这不幸还常跟科学有点关系，因为他长期暴露在辐射、剧毒或者某种形式的高能量当中，于是，嘿！绿巨人或蜘蛛侠就诞生了！

显然，超级英雄通常是由科学家变来的。变成了绿巨人的布鲁斯·班纳（Bruce Banner）就是一个很好的例子。超级英雄往往粗犷、帅气。这立马会让我们心生警觉，意识到这不可能是真的，因为众所周知科学家是这样的一群人：身体瘦弱，行动笨拙，戴着眼镜，龇着龅牙，社交技能极度匮乏，从早到晚地埋头在自己的实验室里忙活着。他们鼓捣的东西常常颇费脑筋，又令人毛骨悚然。让科学家变成超级英雄（当然，他们已然如此了）的可能性存在吗？

让一个人拥有超人[4]的力量是不可能的。超人可以轻松地举起重物是因为他的故乡氪星上的重力要比地球上的大得多。他的飞天能力则被归结于受单纯的意志力驱动，遗憾的是这在现实中是不可能发生的。

如果是蜘蛛侠的话，那么我们还能稍微找到一点科学依据。彼得·帕克（Peter Parker）本是一个平凡的人类，但被一只遭到辐射的蜘蛛咬了一口后，便摇身一变，拥有了各种超能力。辐射也许改变了蜘蛛的 DNA，而蜘蛛的毒液进入彼得体内后，又令彼得的基因发生了改变。蜘蛛侠的作者大概是预见到了 CRISPR 的到来！蜘蛛侠能力惊人，可以飞檐走壁、上天入地。昆虫也可以做到，部分原因在于它们的足底有特殊的毛发，让它们能牢牢地抓附于墙壁上。此外，壁虎作为一种蜥蜴爬行动物，几乎在一切物体表面上都能如履平地。这依然要归功于它足底的数百万根毛发状结构，壁虎在攀爬时，它的脚趾实际上已经穿透物体表面，产生的巨大的物体间

3　《土豆泥怪兽》（Monster Mash）是歌手博比·皮克特（Bobby Pickett）的一首歌，歌词讲述的是一个科学狂人造出一个深夜爬起来跳舞狂欢的怪兽的故事。

4　超人，特指美国 DC 漫画旗下的超级英雄角色。

引力足以令其紧紧黏附于物体表面。

那么蜘蛛侠织的蛛网又该做何解释呢？蜘蛛的蛛网是由富含角蛋白的蛛丝构成的。蛛丝坚韧无比，因此蜘蛛侠用发射的蛛丝来擒获、捆绑罪犯也不无可能。科学家们目前正在对蛛丝进行检测分析，希望能将其用于包装设计或其他耐用材料的研发。

那他的蜘蛛感应又是怎么回事呢？蜘蛛的确有一种叫作"刚毛"的特殊的毛发，它们能直接与蜘蛛的神经系统相连，探知空气中压力和温度的变化。也许蜘蛛侠也有这种东西，所以能感知空气细微的变化，就像拥有敏锐的听觉一样。所以谁知道呢，如果我们想的话，或许是可以做出一个蜘蛛人来的。

在不可思议的绿巨人身上，我们同样也能看到科学的影子。在最近推出的一个版本中，布鲁斯·班纳的父亲拿自己做基因实验，修改了自己的基因，结果将变异基因传给了他的儿子。还是那句话，作者是预见到了 CRISPR 吗？布鲁斯此后又意外遭到伽马射线（一种具有高能量的射线）的辐射，导致体内变异加剧。这些变化足以帮助构建起发达的肌肉群，尤其是 NCOR1 基因也被修改了的话。但这种改变若要在一夜之间发生，就过于夸张了，要达到这样的变身效果免不了要几年的时间。

所以很遗憾，将人变成超级英雄看来在短期内是无法实现的，但是 CRISPR 或者接下来的另一个更令人为之振奋的新技术会将我们带向何方，却仍是一个值得深思的问题。一个可能的结果是，一些父母会在试管授精前基于 DNA 测试结果为他们的后代指定某些遗传特质，甚至这种做法会被批准用于体内受孕。那么接下来，人们会找到潜在的缺陷，将 CRISPR 技术应用于子宫，对目标胚胎进行修复。至于智力、美貌、音乐技能、共情能力等这些特质是否能找到可被修改的对应的基因，目前仍是未知数：一来是因为这些特质本身的复杂性，二来是因为人与人之间在这些特质上的差别其实也没有那么大。而有一个事实是毋庸置疑的，那就是人们依旧愿意用传统办法来造人，因为进化确保了人们在这件事情上有很高的积极性。

第十三章

机器人拯救人类，还是奴役人类

机器人有可能奴役人类吗？

在许多科幻电影中，在我们对未来忧心忡忡的预言中，机器人都是主角。未来人类的工作机会将越来越少，因为机器人将取而代之。无人驾驶的汽车将带来一场出行革命，成千上万个工作岗位因此将惨遭淘汰。猜猜怎么着，这些事情至少已经部分成真了。我们应该感到害怕、非常害怕，还是说我们应该拥抱这一切的到来，怀着我们终会变得更自由、更幸福的期待？

当谈到机器人时，恐慌制造者随处可见。人们害怕机器人跟他们抢工作，害怕留下大批的失业者（我们都知道"小人闲居为不善，无所不至"），这样的恐惧已经存在了数十年，自从工业自动化诞生那天起，这样的说法就从未消失过。可是，从卢德分子开始，这种恐惧就被证明是错的，事实证明经济在技术的推动下，一日强过一日。尽管如此，英格兰银行的首席经济学家还曾预言，机器人将对英国1500万个工作岗位造成威胁。

　　什么样的工作最危险？显然，关于这方面我们已经有所体会了，那些可以自动化的重复性工作早已被机器取代，最显而易见的当数汽车制造业和零售业。但更普遍的失业可能会在一些你从未想到的地方发生：科学家们也可能自身难保。近来，阿伯里斯特威斯大学和剑桥大学合作研发的机器人"亚当"做出了新的科学发现。这个机器人可以设计实验、执行实验，并对实验结果做出解读。另一边，曼彻斯特大学的机器人"夏娃"则在尝试找出能用于抗疟疾的药物。

　　通常这些机器人负责执行重复性分析，例如将数百万种不同的药物加入病症模拟实验系统（比如从患者身上提取的细胞），并尝试筛选出对抵御疾病有效的那一种。但是，机器人仍然需要被告知问题以及解决问题的方法，所以在这个环节上，至少还需要几个人。

　　让人始料不及的危险领域还包括娱乐领域。你大概认为机器永远无法涉足艺术和音乐的世界，因为创造力的激发有赖于大量的洞见，以及那个在音乐中被称为"灵魂"的东西。表演的艺术体现在台上的表演者和台下的观众间直接无碍的感应和联结上，那是奇迹发生的时刻，绝非一个机器人可以取代的，对吗？是的，直到你打造出高效运行的全息图像。2012 年，图派克·夏库尔（Tupac Shakur）离世后的第 16 年，他的全息图像让他重返拉斯维加斯的舞台。

你今天感觉怎么样呢？

　　同样，阿巴乐队（Abba）无数次受邀重组复出，而数年前，在 10 亿美元的诱惑下，他们几乎就要答应下来，且据他们说报酬将用于援建一所医院，但这项计划最终没能实现。现在，他们将进行一场虚拟巡演：以全息投影的方式，看起来就像他们真的在舞台上表演一样。妈妈咪呀！¹人们会去看吗？阿巴乐队携手顶尖技术巡回演唱，鉴于歌迷无论如何都要见到阿巴乐队的疯狂，这将是检验这项技术的真正试验场。如此看来，看到 U2 乐团的全息投影表演，也只是时间的问题了，到时他们的开场曲目必定是《甚至比真实更好》（*Even Better Than the Real Thing*）。

艺术同样在被人工智能机器演绎着，这被称为"自动生成艺术"。在这种情况下，机器能无止境地作画或作曲，比任何人都高产。相比以往由人类进行歌曲"混搭"，例如披头士乐队在《爱》这张专辑中所做的，或许在未来，一切都将由机器代劳，机器甚至能利用披头士乐队的过往曲目进行更充分的混搭。

另一个机器人涉足越来越多的是医学领域。现在，机器人可以自主断症、对症下药，甚至能做手术。机器人所做的不过是探测病症，然后从巨量的数据中一一筛选，给出最有效的治疗手段。相当于页面左边是一长串的疾病，右边是各种疗法，而机器人医生诊病时要做的就是厘清它们之间的关系。

但有一个最离不开人的行业，那就是护理行业。护理这个行业，几乎融合了一切让机器感到棘手的事情：细致的运动技能（如将输液管插入血管中）、专业知识，对在护理期间可能发生的一系列并发症的处理，以及共情能力和一张亲切的笑脸。因此，护理这个职业很可能会一直存在下去。

医生或许变得不再被需要，而护士将生生不息。培养、雇用一名医生要付出高昂的代价意味着医生将首当其冲地成为被替换下场的职业。而且他们会犯错，毕竟他们也是人。2013 年，美国约有 21.5 万人死于医疗事故。一项有趣的调查数据显示，医生们罢工的时候正是死亡率下降的时候。有一个名为"达芬奇"的机器人，其高度的手术能力无人能及。它可以被远程操控，外科医生完全可以在这家医院里为另一家医院的患者动手术。未来可能由一名出色的人类医生同时监控数名机器人医生在异地操作外科手术。最令人印象深刻的是叫"马布"（Mabu）的个人医疗助理机器人。马布能与病人交流对话，并将数据传送给医生，让患者在不希望有人打扰的情况下依然得到妥善的照料。

---

1 此处是个双关，《妈妈咪呀》（*Mamma Mia*）也是阿巴乐队的知名曲目之一。

　　除医生外，医疗护理行业中越来越多岗位都将会被机器人替代。日本对这方面尤其感兴趣，因为他们面对严峻的老龄化问题：日本人口1.28亿，其中四分之一的人超过65岁。在日本，无论是老人，还是老人的看护者，他们的生活因创新变得更简单。他们开发了一款"肌肉服"，它可以赋予看护者额外的力量，使他完成诸如从床上抱起一名无法自理的病人等工作。"肌肉服"看起来像一个背包，当使用者举起重物时，它能帮助减轻30%的重量。

　　日本人还研发了一款外形近似拐杖的导盲机器人（Light-Bot），它能引导视力受损的人群避开障碍物，顺利到达目的地。所谓需求驱动创新，这就是一个极佳的例证，因为导盲犬在日本稀缺，而要在东京养宠物狗也困难重重。另一个受到市场青睐的是美甲机器人（Robo Nailist），作为工业机器人，它能精确无误地给人的指甲上色。上了年纪的女性十分喜爱它，因为她们给自己涂指甲油时，手可能会轻微抖动，涂指甲油对她们来说难度不小。

　　新闻业也正面临威胁。来自芝加哥的"叙事科学"公司开发了一款名为"鹅毛笔"（Quill）的产品，只要输入特定结构的数据，它就会生成一篇令人信服的原创新闻稿。目前它的客户是几家新闻媒体，它尤其擅长写体育和财经报道，因为这类信息通常有一套固定的写作模式（如进球数和股价波动）。你怎么知道你现在读的这些文字不是机器人写的呢？

那么律师呢？这个饱受诟病的职业也许会随着技术的发展而走向消亡。律师会等来被人怀念的一天吗？法律理应是只有人类才能胜任的终极领域。因为大多数法律和通用语言的准确性有关。它们在教科书中的理论世界和现实世界中来回穿梭，试图将复杂的证据呈现在陪审团面前，告诉他们真相在哪里。这都是机器人无法做到的，但大量的法律事务其实照本宣科即可。例如办理产权转让、起草雇佣合同和遗嘱，这些事务现在全都可以在线上办理。可以明确的一点是，现阶段我们对人类律师的需求，日后都将随着人工智能的发展而消失。

但也有好消息。机器人其实可以创造就业机会。最近一项调查显示，机器人产业在全世界创造的岗位数量超过 20 万，而且随着人工智能技术的进步，这个数字仍在增长。中国再次走在了前面，政府投资数十亿元鼓励行业发展。人工智能已经非常普遍，智能手机、导航、供暖系统等都有人工智能的存在。而中国人则希望它和电一样，无处不在，唾手可得。他们正在筹划真正的万物互联，每一个设备都能与别的设备互相联通且不断学习。最令人瞩目的是，谷歌比你更了解你自己，如果你是一名女性，那么它基于你的搜索或购买行为，就能在你之前知道你怀孕的消息。

数据显示，从 1993 年到 2007 年，在所有被统计的国家中，机器人的使用对 GDP 增长贡献了约 0.37 个百分点，占这一时期 GDP 总增长的 10%；对劳动生产率增长的贡献约为 0.36 个百分点，占劳动生产率增长的 16%。而人们也越来越习惯机器人的存在。欧盟的一项调查显示，35% 的受访者表示自己乐于坐进无人驾驶的汽车中。57% 的受访者相信无人机是一种方便的运输方式。比尔·盖茨则认为我们应该向机器人征税。

最近人们逐渐意识到机器人可以帮助我们省去和别人说话的麻烦，应该有不少人会看中这一点。硅谷机器人公司有一款机器人可以帮你办理酒店入住手续。他们的分析显示，人们很享受与机器人的互动，而令他们更享受的是在不想开口和人说话时就可以不说。在美国，一些五金店配备了机器人店员（OSHbot），它会将你领到你想要的商品货架面前。就算它一旦有什么无法解决的特殊问题，也能发起与人类专家的视频通话。

目前，中国在机器人和人工智能上的投资额已超过 30 亿美元，因此我们一定会在许多领域看到令人耳目一新的变化。中国农业银行日前在自动柜员机上推出人脸识别功能，人脸识别算法极其复杂，面具是无法蒙混过关的。快餐店、餐馆和酒店也正陆续应用这项技术，你完全可以通过刷脸完成支付。这在银行被称为"微笑付款"：你只要笑一笑，钱就付出去了。大学生可以通过人脸扫描进入宿舍或教室，而无须刷卡。20家智能化书店在北京开业，它们由机器人值守，二十四小时营业。机器人店员可以为顾客提供准确而人性化的购书建议。无人便利店和无人超市也在这座城市相继涌现。甚至，北京一座寺庙里出现了一个机器僧人。它名叫"贤二"，可以解答香客们的疑问。它身穿橘黄色的僧袍，顶着一颗剃去头发的脑袋。它扮演的是帮助那些依赖智能手机而不愿面对内在自我的人。它的胸前有个触摸屏，上面显示着 20 个它可以回答的问题。也许这能帮助世界各地的宗教度过它们的行业寒冬。我好奇梵蒂冈如果有机器人牧师的话会是个什么样子，"求机器人降福，准我罪人告解"[2]？

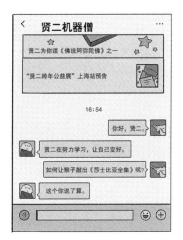

机器人被用来操持家务，已经不是新鲜事了。扫地机器人或窗户擦洗机器人越发常见，甚至还有污渍清理机器人。但要小心了，机器人的复仇已拉开帷幕。据说，在奥地利，一位女主人让清洁机器人把洒在厨房台面上的燕麦粥清扫干净。机器人清理完毕后，她特意关上它的电源。但这个机器人，显然不堪家务所累，在万念俱灰之下产生了深刻的存在危机。它将自己的开关打开，挪动到炉灶上，推翻了咖啡

2　天主教徒告解词，原话为"求神父降福，准我罪人告解"。

壶,然后坐在那儿,直到熊熊火焰燃烧起来点着了大半个公寓。这是全球第一起"机器人自杀案"。

　　机器人有可能奴役人类吗? 这似乎不太可能,我们可以在其内置安全保障措施。失去控制、攻击无辜目标的无人机的确令人担忧,但我们深知有重重关卡和限制在防止这样的事情发生。所谓"人工智能接管世界",描述的是计算机和机器人从人类手中夺走地球控制权的情景。如果将其放在一个经典的好莱坞故事里,那么故事情节将会这么发展:超级智能机器人做出裁决,认为人类的存在会对地球资源造成威胁或浪费,因此其应该被消灭。这里要举的一个例子涉及一个叫"回形针最多化"(paperclip maximiser)的思维实验:假设机器人被要求制造尽可能多的回形针,而为了完成任务,机器人会穷尽地球上的所有资源,包括消灭人类,因为人类是回形针资源的消耗者,而且还有可能关掉机器人。

　　这种可能性有多大? 比尔·盖茨、太空探索技术公司的创始人伊隆·马斯克以及已故的史蒂芬·霍金均对人工智能也许会脱离人类控制一事表达过忧虑,所以或许我们应该感到害怕。万一机器人挣脱人类的控制,采取联合行动,尤其是如果它们能自主学习和升级的话,那么这个画面令人不敢想象。美国的一项研究项目中,一千个25美分硬币大小的机器人可以通过移动分工排列出不同的形状和字母。十个机器人直升机("四轴飞行器")通过连续不断的互相对话能避免相撞。一组机器船可以合作执行高度复杂的任务。这些都是受编程控制的自组织机器,日后将会变得越来越精密。

人工智能也许会是人类文明的终结者！

　　未来，无人驾驶汽车将进入我们的视野，关于这一点相信所有人都没有异议。起初，人们将计算机系统置入汽车以提高引擎效率。此后步步升级，当航空业研发出飞机的自动驾驶仪后，汽车制造者也不甘其后。巨头们纷纷砸重金研发，其中又以谷歌为最，目前已投入 11 亿美元。多数未来学家均预言，未来跑在马路上的所有汽车都将是无人驾驶的。专家们说我们将是最后拥有汽车的一代人。无人驾驶技术将给我们的生活带来翻天覆地的变化，会消灭数百万个就业岗位，然后就像智能手机一样，引领行业革命，在一夜之间变得无处不在。

　　一切将从市中心的公交车线路开始。无人驾驶的公共汽车已经在法国里昂现身，无人驾驶的小汽车预计也将在未来 10 年内得到普及。 2024 年奥运会的举办城市巴黎计划在 2024 年前将市中心区改造为无人驾驶区。刚开始无人驾驶汽车将和普通汽车并行，然后，载货卡车是下一个改造对象。无人驾驶汽车和卡车的动力将主要由电池电力供给，而电池电力来自太阳能，汽车可以在路上边开边充电。而赛车从此作为一种消遣活动，或许会迎来更多追求速度与激情的车迷拥趸，因为很多人依然渴望开车的感觉。人们期待无人驾驶汽车出现的原因有很多，其中一个便是如果想在一座城市里自己开车，势必就要承担高昂的费用。30% 的受访者表示更愿意生活在一个有无人驾驶汽车的世界里。86% 的人则表示如果保险费能更便宜的话，就愿意生活在有无人驾驶汽车的世界里。

谷歌在这场竞争中遥遥领先。据该公司统计，在过去 6 年里，其自动驾驶汽车累计上路行驶超过 270 万千米，共发生 12 起事故。谷歌的无人驾驶汽车中共有 8 个摄像头、12 个超声波传感器。它们还带着一个帮手，即谷歌为该地区绘制的虚拟地图，汽车在行驶过程中将持续对比现实情况和地图数据的差别。一旦发现差异，汽车就能及时做出反应。日后极有可能所有无人驾驶汽车都要预先在系统载入这种地图。我在谷歌园区时曾看过正在进行上路测试的无人驾驶汽车。一个盲人（或者至少是一个拄着盲杖、戴着墨镜的人）坐进副驾驶位后，汽车启动了。它首先绕街区行驶，最后在停车场停下。那个盲人走下车来，现场响起了热烈的欢呼声。

无人驾驶汽车全面普及的后果是惊人的。首先，路上的交通工具数量将比现在减少 90%。无人驾驶技术的高效会让届时的路上交通更像一个随时等候差遣的出租车服务平台：上客下客，简单快捷。只需一小步，便能将优步改造为全自动的约车服务系统。由于它们都属于公共交通，私家车的保有量将会大幅下降。如果路上的汽车价钱公道、招手即停、想去哪就去哪，那人们为什么非得自己买车呢？据预测，如果人们不买车，转而使用无人驾驶汽车服务的话，那么每人每年平均将省下 6000 欧元（1 欧元约 7 元）的支出。

交通事故也将大幅减少。交通事故的诱因通常是反应滞后、追尾、注意力不集中，这全都是人为失误所致。一项估测显示事故率将下降90%，代表了 120 万条生命。想象一下，一旦无人驾驶汽车普及，就将有 120 万人幸免于难。这还意味着1900 亿美元的损失将被挽回。事故的发生不可避免，但技术发展至此，事故发生概率将会少之又少，而且不太可能会因无人车的故障直接导致。此外，由于无人汽车由电力驱动，因此污染水平也将大大下降。堵车将成为历史，因为每一辆无人汽车的位置和速度都会被网络采集起来，因此行车速度可以随时调节以保证路上行车通畅。交通拥堵这个问题将会被解决，因为大多数的拥堵是人们迷路或者为了找停车位而造成的。

行车间距将取最优值，车辆密度也会维持恒定，让整个车流看起来像是拖着一节节车厢的火车。停车难的问题将迎刃而解，因为汽车几乎不停，或者说它们只有在你需要下车的时候才会停下。现在巴黎的市中心停着 15 万辆小轿车。想象一下这些空间被节省下来后可以用来建新的公园、游乐场和步道。你看到的不再是一辆车停在那儿白白占着位置、漏着油，而是一座漂亮的公园。坐无人驾驶汽车去上班将是一种享受。你大可以喝杯咖啡、化个妆、看会儿新闻，或者补个觉。无人驾驶汽车对老人来说更是一大福利。他们的行动会更加方便，可以舒舒服服地到外地去走亲访友。残疾人也将会多一种选择。此外，无人驾驶汽车还能帮助未成年人。孩子一进入青春期，父母就沦为出租车司机的日子将一去不复返了。

那无人驾驶汽车有什么缺点吗？这当然是有那么一些的。有人担心无人驾驶汽车可能会在特定情境下做出"道德"抉择。例如，一辆车若保持直行可能会撞上一个孩子，但如果此时转向，则会撞上另外四个路人。假设是四个成年人，无人车该作何决定？是撞孩子，放过大人？还是救下孩子，让大人去死？有人预测，解决这种困境是有可能的。麻省理工学院设计了一个名为"道德机器"的网站，网站上给无人车设置了各种不同的两难情境。你首先需要根据给定的情境做出你的道德抉择，然后系统会对比显示你和其他人的决定结果。这也许能帮助你纠正一个错误的决定。而对于无人车来说，这个抉择将是自动做出的，而决定依据将是大多数人在面对同样情境时所做出的反应。关于无人车的第二个忧虑是它们或许会不受欢迎，因为人们更喜欢燃油引擎发出的轰鸣声，而且对驾驶本身也乐在其中。价格会让前者胜出，而后者将成为赛车手的选择。

但最大的坏处似乎依然是失业问题。在所有发达国家，现存汽车产业无不规模庞大。以德国为例，汽车产业组成了整个德国经济的三分之一。如果使用无人驾驶汽车，那么卡车和出租车司机将饭碗不保。汽车制造商的工作将被有钱、有技术的科技巨头（比如谷歌）所攫取。政府部门由于开不了违章停车罚单、超速罚单和燃油税单，于是财政收入也少了一部分。另一个受到牵连的行业是保险业。对一些保险公司来说，它们大半营业收入都依赖于汽车保险，以及车里的人和交通事故中的伤员，而同样，这些都将不复存在了。保险公司少了资金来源，就意味着更少的钱进入了投资领域，从而使得经济增速放缓。

这些担心似乎都有夸大之嫌，而且也绝对不是无法克服的。保险公司总能找到其他保险项目。曾几何时，当无马的马车问世时，马车行业的从业者也经历过同样的惶惶不安。那时还得有个人拿着红旗子走在汽车前面。大量的工作岗位惨遭废弃，但是看看后来发生了什么。大量新兴产业涌现，为成百上千万人带去了富足的生活。这也是现在正在发生的，但这一次，我们无须为之付出生命和环境的代价。

我们尽可以期待一个随处可见机器人的世界，享受它们为我们提供的各种服务，无论是健康检查、美甲，还是用最舒适的方式将我们载到任何我们想去的地方。我们会舒舒服服地坐在那儿，看着国际汽车大奖赛的重播，想起在过去的岁月里广大人民曾生活在何等平静的绝望中：在拥挤的道路上一堵就是好几个小时，与此同时还在用汽车尾气污染着地球。前进吧，机器人！除了枷锁，我们人类没有什么可以失去的。

第十四章

史上最庞大、最昂贵的机器

在国际空间站里，漂着睡觉也是可行的，但通常他们会避免这么做，以防睡着的时候撞到仪器设备上。

1712 年，在英格兰的西米德兰兹郡达德利附近的一个矿场里，传来一个从未在地球上出现过的奇怪声音。它咔嗒咔嗒地响，一声接着一声，开启了有史以来最伟大的一场变革——工业革命。这是托马斯·纽可曼（Thomas Newcomen）发明的用来从矿井中汲水的机器。它靠燃煤产生的蒸汽提供动力，是第一台蒸汽机。

在这个所谓的"大气式蒸汽机"出现之前，它做的工作主要靠（人或动物的）肌肉力量来完成。人们利用流水或风力带动机轮转动，从而将小麦研磨成面粉，但现在情况大不一样了。这个机器不依赖重力、水力或风力，只依赖燃煤产生的能量。它发出炼狱般的噪声，喷出有害的烟气。它让火车发出嘈杂且从不减弱的轰鸣声。从此，越来越多的机器被制造出来，为现代生活创造了可能：从火车、飞机、汽车、发电机、手机，到为了消除噪声而生的降噪耳机。它们是人类创造才能的证明。

但真正让我们对人类所达到的成就目瞪口呆的是这两个机器：国际空间站和大型强子对撞机。国际空间站是史上最贵的项目，目前预估造价为 1500 亿美元。大型强子对撞机是史上最贵的设备，耗资 75 亿欧元。它们是什么？我们为什么要建造它们？

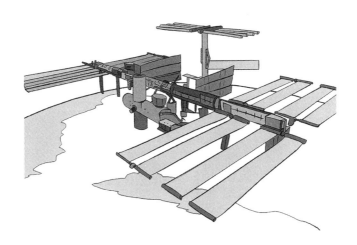

　　国际空间站是近地轨道上的一个可供人类居住的空间站，也就是说，它距离地面 330~435 千米，通常在航天飞机到访的时候会低一些。它每天绕地球运行 15.54 圈。它的首个组件在 1998 年发射升空。它巨大无比，肉眼就可以看到它急速划过天际的样子。现在就有人类在空间站上，他们的工作是开展生物、物理、天文和气象相关方面的实验。来自俄罗斯、美国、欧洲和日本的航天飞船会定期造访空间站。它是地球各国抛开对抗和争论而全力协作的典范。来自 17 个不同国家的宇航员到访过空间站，而且幸运的是他们都成了朋友。

　　国际空间站的建造是工程学的奇迹，是跨国协作的杰出象征。科学和技术将人类团结到了一起，这是前所未见的。它于 1998 年开始建造，首个组件由俄罗斯制造并发射，所有组件在太空自动对接。在太空领域，俄罗斯人再次击败美国人，拔得头筹。不过，此后的其余组件便全都是由美国制造的一架航天飞船携载运输到空间站上的。需添加的组件共有 159 个，装配过程艰辛无比，光是太空行走就已经耗费千余小时。2000 年，俄罗斯的宇宙飞船 "星辰号" 发射升空，完成了与空间站的自动对接，为空间站新增了睡眠区、洗手间和厨房，此外还有用来净化空气的二氧化碳洗涤器、氧气发生器、运动器械和通信设备。空间站的第一批住户是俄罗斯航天员，然后是美国航天员比尔·谢泼德（Bill Shepherd）随俄罗斯 "联盟 TM-31 号" 飞船进入空间站。谢泼德申请将国际空间站的无线电呼号改为 "阿尔法"，以替代冗长的 "国际空间站"。由谢尔盖·克里卡列夫（Sergei Krikalev）带领的俄罗斯方听说后一口回绝，说他们的"和平号"才是第一个空间站，所以国际空间站的呼号应该是"贝塔"或者"和平 2 号"才行。（那儿永远有架可吵。）最终"阿尔法"胜出。

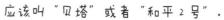

从那以后，国际空间站不断完善。"联盟 U 号"飞船带去了对接舱，"发现号""亚特兰蒂斯号"和"奋进号"送去了科研设备和气闸舱。然后出于"哥伦比亚号"航天飞机发生了坠毁灾难，空间站的工作就此中断了两年。2003 年 2 月 1 日，"哥伦比亚号"在重返大气层的回程中发生爆炸解体，机上 7 名成员全部牺牲。两年后，空间站计划再次启动，这一次加入了更多的发电机、增压舱和太阳能电池阵。2010 年，穹顶舱加入空间站，观测舱视野开阔，宇航员可以在这里瞭望星空，放松片刻。此外，为了有更充足的科研空间，又相继增加了不少实验舱。装配完成后的国际空间站总质量有 400 余吨。

国际空间站内部被划分为两大区域：俄罗斯轨道段和美国轨道段。它们的命名只与出资方有关。所有宇航员均可以自由使用任一区域。美方和俄方均保证在 2024 年前不会停止对空间站的资金支持，但世上哪有万无一失的保证（就像大多数的科研经费一样）？俄罗斯曾表示，想再建一个新的太空站取而代之，但美方表示还有待商榷。

宇航员在国际空间站里是如何生存的？有五样东西需要考虑：空气、水、食物、卫生，以及火灾探测和灭火系统。空间站里的空气组成和地球大气的几乎一样，保持着与海平面相同的气压水平。站内配备了化学氧发生器。宇航员呼出的二氧化碳和人体新陈代谢产生的其他各类废物，如肠道产生的甲烷和汗液中的氨，都会通过活性炭过滤器一一清除。

电力是由前面提到的太阳能电池板供应的。它们可算是国际空间站的标志性组件了，看起来就像国际空间站的双翼。电能储存在使用寿命为 6.5 年的巨大的镍氢电池中。不过，现在镍氢电池已经被锂离子电池替代，使用年限也将得到大幅延长。站内所有设备都会产生热量，又是一个需要解决的问题。这些热量将由冷却泵抽送的液氨进行收集后，被传送到外部冷却系统。

国际空间站的无线电通信系统精密且复杂，主要使用特高频电波，与地面保持实时联系，其中最广为人知的地面中心是位于休斯敦的航天控制中心。（希望他们在那里不会听到那句最著名的太空来话："休斯敦，我们遇到了一个问题。"）空间站中有 100 台通过商业途径采购的笔记本电脑，它们产生的热量不会上升进入空气，而是停滞在电脑表面，因此宇航员在使用期间需要运行特殊的通风设备。宇航员可以通过 Wi-Fi 与地球取得联系。但要是在飞机上通过 Wi-Fi 通信……

宇航员每执行一次任务需要花上半年时间，而创下了太空停留时间的最长纪录的宇航员是苏联的谢尔盖·克里卡列夫。他同时也是国际空间站建站之初的第一批宇航员之一，共在太空停留 803 天 9 时 39 分。他被授予列宁勋章、苏联英雄称号、俄罗斯联邦英雄称号，四次获得美国国家航空航天局奖章。而斯科特·凯利（Scott Kelly）则保持着一项美国人的纪录，不过在太空上的停留时间只有 340 天，这么一比可逊色多了（快跟上啊，美利坚！恢复太空探索的伟大荣光……）。凯利是爱尔兰南极探险家欧内斯特·沙克尔顿（Ernest Shackleton）的铁杆粉丝，沙克尔顿的故事帮他度过了在国际空间站上那些孤独和彷徨的时光。他的回忆录《忍耐：太空一年，探索一生》（*Endurance: A Year in Space, A Lifetime in Discovery*）中写道，当他俯瞰地球时，脑子里突然闪过一个念头："每一个活着的或曾经活着的人"，除去国际空间站上的这几个，都在下面了。

快跟上啊！

　　普通人想当太空游客也是可以的，只要通过身体检查，就可以到国际空间站一游。每个席位的价格是 4000 万美元。不过还得排队才行，因为只有一个等候名单。而太空游客都反感自己被叫作"太空游客"。因为所有人都讨厌游客。他们通常是科学家，在空间站上进行研究和实验。美籍伊朗裔人阿努谢赫·安萨里（Anousheh Ansari）自掏腰包，在历时十天的太空之旅中，完成了俄罗斯、欧洲的实验任务，以及关于医学和微生物学的研究。

　　在国际空间站，宇航员一天的生活从 6:00 开始。首先是早餐（希望这时不要出现一只异形从某人肚子里穿肠而出的场景[1]），然后是这一天的工作计划会议。宇航员约在 8:10 开始工作。工作时间结束后，他们会做些特定的运动，然后从 13:05 开始有一个小时的午餐和休息时间。午休结束后是更多的工作和运动。然后是睡前活动，包括晚餐和另一场工作会议。最后他们在 21:30 入睡。

　　宇航员通常每个工作日工作 10 小时，周六工作 5 小时。其余则是休息时间。空间站时间是格林尼治平时（或者用现在的叫法来说是"协调世界时"，即 UTC）。到了晚上，他们会将窗户挡上以制造黑暗，因为国际空间站上每天能看到 16 次日出和日落。每位成员有自己的睡眠舱，保证无人打扰，隔音效果良好。而太空游客，虽然花了那么大一笔钱，但只能睡在挂在墙上的睡袋里。瑞安航空公司否认自己曾

1　这是科幻片《异形》（*Alien*）的经典一幕。

参与其中。在国际空间站里，漂着睡觉也是可行的，但通常他们会避免这么做，以防睡着的时候撞到仪器设备上。通过早期任务，人们发现通风设备非常重要，否则宇航员第二天早上会发现自己在自己呼出的一团二氧化碳泡泡里醒来。

食物问题又是如何解决的？它们是经过真空包装后装进密封袋里被带上来的。在失重环境下，人的味觉灵敏度会下降，因此食物口味会做得更重些。新鲜蔬果偶尔会被运来，那将是一顿饕餮大餐。宇航员平常自己做饭。这意味着能减少争吵，让他们有更多的事可以干。任何飘浮在空气里的食物都要被抓回来，以防堵塞仪器。

卫生是个麻烦。空间站上原本是有淋浴设备的，但宇航员每个月只被允许洗一次澡，不管他们需不需要。后来淋浴设备就被喷水器和湿巾代替了。另外，为了节约用水，他们使用的是免冲洗洗发水和可食用牙膏。洗手间有两个，均是俄罗斯人制造的。固体废物会被先行储存再做处理，尿液则通过呈漏斗状的收尿器收集起来，男性或女性都可以使用。收集后的尿液将被回收成为饮用水。

宇航员还需小心辐射。空间站上的辐射是飞机飞行员所受辐射的五倍之多，有致癌和造成眼部白内障的风险。宇航员免疫系统的抵抗力也打了折扣，进一步增加了感染和患癌症的风险。因此，帮助减轻辐射和特殊药物必不可少。抛开这些身体疾病不谈，其实真正的风险还在于心理压力。一来他们需要在公众监督下始终保持高水平发挥（稍有差池，地球人就都知道了）；二来他们需要承受与朋友和家人的分离。

显然最初的三个星期是最关键的。一旦熬过前三周，压力水平会随即下降。宇航员们也有心理支援小组的帮助，心理辅导从训练开始，一直持续到任务结束返回地面后适应环境的整个过程。这些心理辅导员对宇航员和他们的家庭都有深入了解，在宇航员上空期间，他们每隔两周便会跟宇航员进行一次非公开的视频通话。国际空间站里的休闲活动对减压尤其重要。未来，空间站也许会加入人工程序来为宇航员提供认知行为治疗。

空间站里涉及哪些工作呢？就像昔日的水手不停地擦拭甲板、把一切事物打理得井井有条一样，在空间站上，维护便是一项重要的活动。与此同时，研究工作也在开展。国际空间站的任务之一就是为人们重返月球或探索火星做好准备，因此人类需要在失重状态下完成各种测试，进行大量的航天医学实验。当处于失重状态时，我们的身体会产生好几个变化，包括肌肉萎缩、骨质流失、身体体液运行反常。最近的一项研究显示，人在零重力环境中生存半年，此后如果再着陆到火星或回到地球，便会容易骨折。因此宇航员需要定时锻炼，以确保身体肌肉和骨骼处于受压状态。除此之外，宇航员在重返地面后，身体仍会出现各种不适，包括恶心、发热、起皮疹和关节疼痛。这些症状需要一些时间才能消失。

同时，科学家们也在测试植物在零重力环境下如何生长。他们发现在这种状态下的晶体，其构成会发生奇怪的变化，事实证明这个发现将对蛋白质晶体学产生帮助。了解蛋白质的形状和结构是有意义的，如它可以帮助我们研发出能与该蛋白质发生反应的新药物，而为了了解蛋白质的形状和结构，晶体不可或缺。当我们用 X 射线入射到晶体上后，便可以根据晶体的衍射情况来测定它的结构。科学家便是抱着这样的目的，开始在国际空间站上培育蛋白质晶体。他们还在太空中培育细胞。科学家出身的宇航员凯特・鲁宾斯（Kate Rubins）则是在太空进行DNA测序的第一人。

国际空间站还承担着教育责任。地球上的学生可以设计实验，并通过无线电广播、视频和电子邮件与宇航员交流对话。欧洲空间局提供了大量供课堂使用的免费教材。国际空间站曾组织过一个有趣的项目：对"东方一号"飞船的飞行路径进行准确测绘。"东方一号"正是那艘让尤里・加加林（Yuri Gagarin）成为第一个进入太空的地球人的载人飞船，学生们沿此路线，便可以看到当年加加林所看到的一切。2013 年 5 月，指挥官克里斯・哈德菲尔德（Chris Hadfield）在国际空间站上表演了大卫・鲍伊（David Bowie）[2]的《太空怪人》（*Space Oddity*），并将录制视频放到了视频网站上。这是第一支在太空录制的音乐影片，共获得了 3500 万次观看。

这或许也是有史以来录制成本最高的一段视频。国际空间站的建造总成本估计是 1500 亿美元，美国承担了其中的大头（共 580 亿美元）。你可以据此计算一下国际空间站上每人每天的费用。这个费用约为 750 万美元。我们假设克里斯・哈德菲尔德录制视频花了 30 分钟的时间，那么成本就是 62.5 万美元。花得值吗？如果国际空间站能带来伟大的科技和世界和平，那就值，即使我们不得不看哈德菲尔德以一种非常古怪的方式漂在空中。

国际空间站的成本让造价仅为 75 亿美元的大型强子对撞机相形见绌。但大型强子对撞机却是有史以来最大的、最昂贵的设备。在很多方面，我们都能将纽可曼的蒸汽机和大型强子对撞机直接联系起来。它的工作就是让质子对撞。这就是它做的所有事。因此它也被称为"粒子对撞机"。它是由欧洲核子研究组织（简称 CERN）于 1998 年开始建造，2008 年完工的。这是 100 个不同国家间的大型国际合作项目，有超过 1 万名科学家和数百所大学参与。当年人类出现在非洲平原上时，谁能想到就在不久之后的现在，人类能制造出这样一个东西来。它需要非常高的合

2　大卫・鲍伊（1947—2016），著名英国摇滚歌手。

作水平；但这一次人们走到一起，不是为了猎捕一只大型动物来填饱肚子，也不是为了相互打斗争夺，而是为了发现物质本身的秘密。

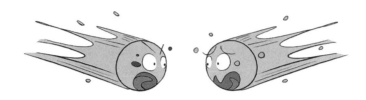

大型强子对撞机被造得如此之大，是因为它必须这么大。它包含一个圆周为27千米的环状隧道，坐落在瑞士日内瓦近郊，横跨法国和瑞士边境。它目前最大的成就是发现了一种基本的亚原子粒子——希格斯玻色子的存在。它还在寻找其他粒子以帮助回答物理学中的大问题。这些大问题包括：为什么地心引力是如此弱的一种力量？从根本上来说质子是否稳定？一个中微子的绝对质量是多少？这些问题共同组成了科学的根基。

大型强子对撞机一直在打破纪录。首先，它的质子束中的能量是上一个世界纪录的四倍。其次在于它所能提供的数据。万维网就是CERN的贡献，组织成员蒂姆·伯纳斯－李（Tim Berners-Lee）在1989年发起万维网计划，且他本人建立了世界上的第一个网站。CERN需要大量的数据支持，而大型强子对撞机每年产生的数据多达数十拍字节。1拍字节等于1000万亿字节（10^{15} 字节）。这是一个需要42个国家的170个计算机中心共同处理的数据量，真是物超所值。

所以强子是什么？受到"强作用力"的粒子都被称为"强子"，愿原力与你同在[3]。原子和分子间的引力是所谓的电磁力，而质子和中子这样的粒子就是强子（强子的英文是hadron，虽然物理学家们常常因为过于兴奋而将其误拼为hardon）。"对

---

3 "愿原力与你同在"（May the force be with you）是一句出自电影《星球大战》的著名台词。原力在电影中指的是一种至高无上的力量。

撞机"就很好理解了,意思是通过让粒子加速,使粒子在相互撞击后粉碎分解的装置。较早使用对撞机的人物之一是来自爱尔兰的诺贝尔奖得主欧内斯特·沃尔顿(Ernest Walton),此前,他和约翰·考克饶夫(John Cockcroft)、欧内斯特·卢瑟福(Ernest Rutherford)[4]在剑桥大学的卡文迪什实验室里也使用过原始的对撞机。他们对锂原子进行撞击,分裂的锂原子随即产生了氦,这也是原子第一次被分解。他们最初使用的那个粒子对撞机现在正在展出,供所有访客观看。它看起来似乎微不足道,但是大型强子对撞机货真价实的前身。

不过核粒子对撞是一回事,质子对撞又是另一回事了。大型强子对撞机正在尝试解决物理学中出现的非常基本的问题。第一个问题如今已被攻克。是什么让基本粒子拥有质量?没有质量就没有物质的存在。事实证明,希格斯玻色子就是这样一种能赋予所有物质以质量的粒子。物理学家彼得·希格斯(Peter Higgs)和萨特延德拉·玻色(Satyendra Bose,玻色子便是以他的名字命名的)预言了这种粒子的存在,现在这个预言被证明是对的。这就是科学——通过复杂的数学运算进行预言,并用科学进行验证。

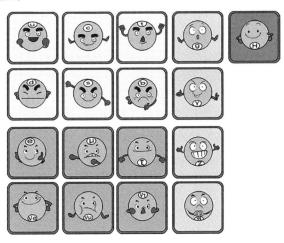

其他尚待解决的问题包括:在四维时空之外是否存在更多维度?(所谓的四维时空是指空间的三个维度加上时间维度。)暗物质是由什么构成的?(暗物质构成

4　两人均是英国著名的物理学家。

了宇宙 27% 的质能，但我们连它是什么都毫无头绪。）为什么地心引力比其他基本力要弱这么多？夸克胶子等离子体的性质是什么？宇宙大爆炸后的瞬间形成的是什么物质？（这或许就是宇宙初期形态的构成物质。）这是物理学的基本问题，也是大型强子对撞机正在尝试回答的问题。

大型强子对撞机是一条长长的环形隧道。它用 1232 个各重 27 吨的"双极磁体"来让粒子束保持笔直、狭窄，用其他 392 个磁体来让粒子流保持集中。此外它还有 1 万个超导磁体，用来加速碰撞。这些磁体必须保存在零下 271 ℃的环境里，这个任务由超流体液态氦 4 来完成。这让大型强子对撞机同时成了世界上最大的制冷设备。

对撞机启动后，质子在全长 27 千米的环形隧道来回绕一圈，所用时间为百万分之九十秒。这相当于光速的 0.999999999 倍（它已经非常非常接近光速，而爱因斯坦曾预言没有物质可以达到光速，真的是这样吗？）。还有更引人注目的数字：运行中的磁体存储的能量相当于 2400 公斤的 TNT 炸药（一颗战斧巡弋飞弹：美军使用的标准原子弹，相当于 500 公斤的 TNT 炸药，也就是说，这些磁体中存储了相当于 5 颗原子弹的能量）。

不过，尽管建造它就花去了 75 亿美元，但也少不了精打细算。对撞机只在夏天运行，因为夏天的电费更便宜。此外，和所有项目一样，它的建造也存在不少问题：磁体的支承结构破损、6 吨过冷液态氦发生泄漏、电路连接错误（你必须以正确的方式插上插头），事故相继发生延误了工期，不过问题最终都得到了解决。它的成果开始一一呈现。

2011 年 5 月 24 日，夸克胶子等离子体被发现。它产生于宇宙大爆炸后的瞬间，被认为是黑洞之外最密集的物质形式，1 克的夸克胶子等离子体便足以驱动整个世界。想象一下，如果它能被捕捉到，那么将会发生什么？然后是光荣的 2012 年 7 月 4 日，对撞机发现希格斯玻色子的存在，让我们从此对是什么赋予物质以质量这个问题有了头绪。在纷繁复杂的物理世界里，它至少要达到 5 西格玛 [5] 的置信度，而它做到了。

这些实验有什么危险？实际上人们的确存在对大型强子对撞机会成为末日机器的恐惧。它也许会制出一个黑洞，吞噬整个地球，又或者制造出像理论中的"奇异夸克团"这样的危险粒子。有人担心这些奇异夸克团会将整个地球转化为"一大团滚烫的奇异物质"。两项安全评估的结论是，这种担忧不太可能会发生，因为在大型强子对撞机中发生的，也在宇宙中天然地发生着，而它们并没有导致任何危险的后果。谢天谢地……但是这并没阻止大型强子对撞机成为科幻作品的主角，更有甚者，在丹·布朗（Dan Brown）的小说《天使与魔鬼》（Angels and Demons）中，大型强子对撞机制造的反物质被当作摧毁一座城市的武器，猜猜看将被摧毁的是哪里？答案是梵蒂冈。反物质是否成了基督的敌人？

实验还在继续。要想大型强子对撞机能够继续取得重大发现，升级换代势在必行。科学家们往往想要获得更多信息。升级计划在 2018 年和 2022 年进行，未来实验将继续为我们揭晓关于构成世界的物质的谜团。谁知道新知识会将我们带去哪里？一个显而易见的结果或许是一种永远安全的能源。当法拉第（Faraday）首次发现神秘的电力时，人们并不知道它有什么用途。据说，当他被当时的首相问道这东西能有什么用时，是这么回答的："我不知道，先生，但我肯定你会对它征税。"同样，核物理学作为一门科学学科在起步时，人们并不那么清楚地知道它将催生出原子弹或核燃料。就像物理学家理查德·费曼（Richard Feynman）说的："物理研究就像性爱。繁衍也许是结果，但未必是我们做它的动机。"

5　在概率统计中，西格玛（σ）即标准差，西格玛数值越高，说明证据越坚实。5 西格玛 = 230 次失误／百万次操作，换句话说，5 个标准差表示新发现的置信度可以达到 99.999%。在高能物理领域，新发现成立的阈值一般在 5 西格玛（通常 3 西格玛以下称"迹象"、以上称"证据"，5 西格玛以上才可称"发现"）。

物理研究就像性爱。
繁衍也许是结果，
但未必是我们做它
的动机。

　　像国际空间站和大型强子对撞机这样的大型机器，是数千年来无数的人不断地在前人的基础上一点一点打磨出来的智慧结晶。它们的问世，有赖于人类无穷无尽的求知欲，正是求知欲在不断驱使着人类前进。当尼尔·阿姆斯特朗（Neil Armstrong）首次登上月球时，他那一小步的背后，离不开许许多多人的支持，离不开那些数学、技术和工程设计。当我们一层层追溯下去，会发现它最终来自达德利附近那座矿井，从纽可曼的蒸汽机里传出的新奇的响声。谁又知道这两样机器会将我们带向何处？谁又知道以后还会有什么了不起的机器被制造出来？希望随着我们迈向未来，它们依然能成为人类乐于协作、热爱和平天性的典范。

第十五章

我们能消灭所有疾病吗

如果说以后 人类 会死于 什么的 话，那大概是 无聊 吧！

脸书创始人马克·扎克伯格（Mark Zuckerberg）最近创立了一个基金会，基金会有个明确的目的：2100 年前找到所有疾病的治愈方法。这个雄心有可能实现吗？我们为什么会生病？疾病一直在困扰着人类。疾病被定义为机体受到病因的损害后，因出现机体自稳调节紊乱而发生的异常生命活动的过程，且常伴有体征和症状。一旦得病，生活便难以圆满。疾病在其分布上，也毫无公平可言。我们中的有些人会得病，有些人不会。这也许是因为我们身上携带的致病基因不同，也可能是不健康的生活方式在作祟。又或许是上述两者的共同作用，这个可能性往往更大。有些人生病是因为贫穷，或者仅仅是因为不走运。

医学为我们带来了令人称奇的治疗手段，将许多疾病拒之门外，但难以攻克的疾病仍然大量存在着。众所周知，人们投入了大量的精力就为了找到新疗法，我们也经常读到关于重大突破的消息。但前景如何呢？这么说吧，迹象是好的。我们比以往任何时候都更了解自己，知道在生病时，是身体的哪个部位出了问题，在某些情况下甚至能精准定位到我们的致病因子。现在的目标是制止它出错，或者当它出错时予以纠正。

爱德华·詹纳 (1749—1823) 在詹姆斯·菲普斯身上注射第
一支疫苗，帮助其抵御天花。

在抗生素被发现前，传染病危害极大。一般观点认为当我们停止游牧开始聚居
时，传染病在人群中传播的概率变得更大了。当我们开始畜养家禽后，情况或许变
得更糟了，我们因此感染上家禽的细菌（反之亦然），从而导致疾病的产生。传染
病常触发病症，帮助病原体（细菌或病毒）传播。这就是你感冒了就会又咳又喘的
原因之一。这其实是病毒在促使你打喷嚏，以便它能到别人那儿去继续繁殖。

能够让传染病杀伤力大减的三大法宝分别是：洁净水、疫苗和抗生素。19 世纪，
工程师们开始想出各种办法来提供洁净的水，包括使用各种过滤方法。爱德华·詹
纳（Edward Jenner）发现了疫苗，并因此受到了赞扬。他注意到奶场女工极少感染
天花，因此想到（或者更有可能是一个叫本杰明·杰斯提的农民邻居告诉他的）这
可能和她们此前已经感染过较为轻微的牛痘有关。于是他开始在一个叫詹姆斯·菲
普斯（James Phipps）的小男孩身上试验接种牛痘。

这正是科学方法的体现：提出假设（这个案例中的假设是牛痘可以预防天花），
然后验证假设（给人接种牛痘，然后接种天花，看看人体是否会对天花病毒产生免
疫）。詹纳给那个小男孩接种了牛痘，然后又给他接种了天花，果不出所料，孩子
没有出现天花的症状。原因就是当接触到牛痘病毒时，小男孩的免疫系统起了反应，
但仅仅引起了轻微症状。牛痘病毒和天花病毒有许多相似之处，所以在小男孩接种
天花病毒后，他的免疫系统已经训练有素，能够识别出天花病毒并将其快速杀灭。
若以战争做比喻的话，这就像我军第一次与敌军相遇，对方是一帮上了年纪的老兵，

于是我军便能立即将其歼灭。然后当更年轻的敌军穿着同样的制服迈着矫健的步伐到达战场时，我军一眼就能将其识破并就地歼灭。这是人类的一大福音，因为在当时一旦感染天花，就会性命不保，每一个人都对其又恨又怕。在詹纳之后，许多其他类型的疫苗也被相继研发出来，利用经过削弱的病原体来预防疾病，早期案例包括白喉和狂犬病。时至今日，我们已经研发出了许多种疾病的应对疫苗。

而抗生素则是一种一旦接触细菌便能杀灭它的物质。青霉素是最先被发现的抗生素。它是被亚历山大·弗莱明（Alexander Fleming）意外发现的（也就是说，他运气好）。他注意到培养皿上长出的霉菌菌落能杀死细菌。这种霉菌实际上是从隔壁爱尔兰医生查尔斯·拉德歇（Charles La Touche）的实验室里被吹过来的。拉德歇当时正从伦敦东区收集蛛丝，研究它们是否会引发哮喘。而蛛丝上沾染了青霉菌，青霉菌的分泌物可以保护青霉素不受细菌侵扰。青霉菌不知怎的从拉德歇的实验室被吹到了弗莱明的实验室里，落在了那堆细菌上，并杀死了它们。弗莱明将青霉菌分泌物命名为"青霉素"。抗生素现在每年拯救上千万人的生命，不过也有人担心随着抗生素的使用，细菌也在不断进化。

我们现在对付起病毒性感染来已经越来越得心应手，但有些病毒依然在困扰着我们。例如，应对脊髓灰质炎的疫苗已经面世，但对人类免疫缺陷病毒（艾滋病病毒）和丙型肝炎病毒，我们依然束手无策。但是，我们针对这两种病毒性疾病，已研发出以病毒本身为靶向的药物，就像直接向细菌发动进攻的抗生素一样。

我们对艾滋病的抗击非常成功。艾滋病患者的预期存活时间现在已经和普通人无异了。这是一个重大进展，毕竟就在 20 年前患有艾滋病便相当于被判了死刑。人类免疫缺陷病毒是一种非常狡诈的病毒，因为它主要攻击人体的 T 淋巴细胞。而 T 淋巴细胞是我们免疫系统中的步兵，对付包括 HIV 在内的入侵外敌。HIV 在传播过程中最终会将 T 淋巴细胞杀死，于是导致了所谓的"免疫缺陷"，而一旦丧失免疫力，各种大大小小的感染性疾病都能将患者置于死地。许多患者最后死于严重的肺炎。

据测算，2016 年，全球有 3670 万 HIV 携带者，死亡人数为 100 万人。人类的 HIV 最开始极有可能是从猿或黑猩猩的身上（它们能感染 HIV 但不会致病，因为它们有进化优势）感染的。艾滋病在美国最早的官方发现记录始于 1981 年 6 月 5 日，当时美国疾病控制与预防中心报告称，有一种叫作"卡氏肺孢子虫"的真菌在男同性恋人群中有异常高的感染率。这种现象通常只会在遭受免疫抑制的器官移植患者身上见到。于是一场针对异常原因的调查开始展开。1983 年，巴黎的巴斯德研究所的科学家发现 HIV 是病原体。医药公司开始研发阻止病毒分裂的药剂，随后发现了抗逆转录病毒药物。HIV 是一种逆转录病毒，之所以叫"逆转录病毒"，是因为它的遗传信息储存在 RNA 而不是 DNA 上，它在进入宿主的 T 淋巴细胞后，以 RNA 为模板，在逆转录酶的催化作用下逆转录为 DNA。

第一批用来抑制 HIV 活性的药物针对的就是这种催化逆转录行为的酶——"逆转录酶"。联合使用三种不同的逆转录酶抑制剂效果会更好。近期有一个项目对来自欧洲和北美地区的 88.5 万 HIV 感染者进行了 18 项不同的研究分析，结果显示接受抗逆转录病毒药物治疗的 20 岁 HIV 感染者的预期寿命是 78 岁，和整体人口的人均期望寿命相当。这是在对曾经夺走无数生命的疾病的研究上取得的一个重大进展。

得益于洁净水、疫苗和抗生素，我们现在已经活得比从前久得多了。疫苗和抗生素因为挽救了众多的生命，因此被普遍认为是所有医学进步中重要的两项。我们也许躲过了传染病，但仍然处于其他很多疾病带来的险境中。据估计，困扰人类的疾病总计约有 7000 种。其中有许多是罕见病。有些遗传异常导致的疾病，既可能自发产生，也可能遗传自上一代。例如，囊性纤维化的病因就是负责肺部 CFTR（囊性纤维化穿膜传导调节蛋白）合成的基因发生突变。CFTR 负责调节肺部的水盐平衡，CFTR 破损将会引起盐分堆积，最终导致肺部受损。肺部受损反过来又会引发囊性纤维化的一系列问题。

但现代疾病中的两大杀手是心脏病和癌症。心脏病的主要形式叫作"动脉粥样硬化"（意思是动脉堵塞，最终导致流向心脏的血流受阻，心脏病发生），造成它的主要危险因素有胆固醇水平过高，另外，压力大和吸烟也对其有影响。胆固醇会堵塞血管，一旦心脏供血不足，便会停止跳动。例如他汀类降胆固醇的药物意义重大，它们的作用原理是通过降低胆固醇，防止血管堵塞。

癌症是因基因突变引起的，但这种突变也可能会由环境因素诱发，比如吸烟或阳光紫外线的照射。香烟烟雾中的有害化学物质或阳光中的紫外线和 DNA 之间发生了化学反应，使 DNA 发生变化，因而导致 DNA 指导合成蛋白质的配方也发生了改变。当这种新的蛋白质致使细胞增长失控并形成肿瘤时，癌症就发生了。基因通常指导蛋白质促进细胞生长，这类基因突变时，细胞的生长便会失去控制。这类基因（所谓的肿瘤抑制基因）的另一个作用是抑制肿瘤生长，当这部分基因发生突变时，肿瘤的生长便失去了节制。肿瘤细胞开始扩散，扩散的结果是转移。它们落脚生根的地方（如大脑）通常就是将你置于死地的部位。

癌症的治疗手段包括毒杀癌细胞（"化学疗法"）、X 线放射治疗，还有手术移除。医生们与癌症的斗争正取得节节胜利。如今，有六成癌症已得到治愈。浸润性癌症（对我们的身体真正造成伤害的那类癌症）确诊患者的五年存活率从 1994 年到 1999 年的 45% 提高到了 2006 年到 2011 年的 59%。现在，乳腺癌患者存活率为 81%，前列腺癌患者存活率为 91%。这得益于早期诊断。越早干预，效果越好，否则只能是亡羊补牢。但科学家们取得了一个值得欢呼的突破，那就是他们发现在某些情况下，你自己的免疫系统是可以杀死癌细胞的。它可以识别出癌细胞中的变异蛋白质是"非己"成分。

免疫系统的工作是分辨敌我，而癌细胞被当作敌人识别出来的概率不大。癌症有时被称为"疾病之王"，是个狡猾的对手。它有办法关闭免疫系统的攻击闸门。免疫系统的一个重要闸门（也称"免疫检查点"）是 PD-1 分子。这种蛋白质分子会在肿瘤细胞上聚集，并与免疫细胞上的此时附着在肿瘤细胞上准备将其一举歼灭的 PD–L1 蛋白结合。但是，一旦 PD–1 分子与 PD–L1 蛋白结合，免疫细胞便会失去活性。就像 PD–1 轻轻地按下了 PD–L1 的开关，将免疫细胞里的灯都灭了。于是科学家们开始研发检查点抑制剂，也就是能够阻止 PD–1 触碰 PD–L1 开关的抗体，以便让免疫细胞完成它的工作，杀死肿瘤细胞。这些新药在以前没有延长生命的治疗方法的情况下取得了成功，尤其是在肺癌和黑色素瘤这两个大杀手面前。

确诊黑色素瘤的患者的平均生存时间是一年左右，而部分采用了抗 PD–1 疗法的患者的存活时间可以延长到三年以上。一些接受过这种疗法的人达到了无病状态（disease–free）。也就是说癌症是可治愈的，或至少可控已经不再遥远。PD–1 为癌症治疗带去了新的研究方向，而科学家们也正加快研究的步伐，目前已经催生出了全新的治疗药物。

那么到现在为止，我们对心脏病和癌症这两大杀手的病因都有了一定的了解。还有许多其他病症，我们虽深受其扰，却对其诱因一无所知。下一个大难题是炎症性疾病，如类风湿关节炎、多发性硬化症和炎症性肠病都属于此类。神经退行性疾病，如阿尔茨海默病和帕金森病，也被划分为炎症性疾病。因为在这些疾病中，积存在大脑的蛋白质也会引起脑部的炎症反应。在阿尔茨海默病中，患者大脑中会发生 β – 淀粉样蛋白和 tau 蛋白的堆积，堆积原因不明。而在帕金森病中，则可见 α – 突触核蛋白聚集，聚集原因依然不明。

但我们能肯定的是，这些炎症性疾病让免疫系统叛变，开始攻击起自己人来。目前可用的抗炎症药物种类繁多。有几类药物提取自植物，因为我们的祖先已经注意到某几种植物的提取物可以抑制身体炎症。几乎所有的早期药物都源自植物。其他灵长类动物同样也注意到了某些植物的好处。黑猩猩在感染寄生虫时，会吃下某种植物，如阿皮迪菊（Aspilia mossambicensis），来帮助驱虫。

炎症向来容易被察觉。炎症意味着人的身体受到了感染或损伤，受损部位会变得红肿发烫、疼痛难耐。所以即使是古人也能及时发现，然后采来草药外敷或内服。我们所知道的世界上最早的药物记录是写在公元前 1550 年的《埃伯斯纸草书》上的一个象形文字。这是一种消炎草药，古埃及人用它来治疗眼睛发炎和痔疮。那么这是什么呢？它就是大麻。现在我们知道大麻中含有大麻素，它是抑制炎症的有效成分。

　　而第一种真正在实验室中人工合成的药是阿司匹林,这是一种水杨酸的衍生物。水杨酸提炼自柳树皮,以其杀菌消炎属性为人所熟知。第一次正式生产这种药品的是德国的拜耳药厂,与此同时,拜耳药厂还从吗啡中提炼出一种衍生物,并将其命名为"海洛因"(heroin),因为它让人们有一种当上了英雄的感觉。在此后的很多年里,拜耳药厂一直将海洛因当止咳药出售,直到研究人员发现海洛因还有令人不安的另一层效果。

　　主要的老年病其实也是炎症性疾病。从很多方面来看,这些疾病是我们带来的,因为如果没有我们,人们可能早就死于感染了,根本活不到这么大的年纪。衰老看起来是一种病,会让我们的眼睛、耳朵都不好使,身上这里痛那里痛,生活也不能过得如年轻时那般充实精彩。我们不知道是什么导致了这些衰老性炎症,只能说随着年龄增长,炎症反应失调,因而对我们的组织造成损伤。只要发炎了,不管是身体哪个部位,都免不了要遭受红肿疼痛。如果是关节炎,受罪的就是关节;如果是炎症性肠病,受罪的就是消化系统;如果是多发性硬化症,那遭罪的就是中枢神经系统了。

　　这方面的治疗手段已有长足进步,可供阻击的新靶点已经被找到。TNF 蛋白就是一个很好的例子。它出现在炎症反应过程中,会导致进一步的发炎和组织损伤。在对抗例如类风湿关节炎和克罗恩病这样的炎症疾病时,抗 TNF 药物被证明卓有成效。这些药物技术含量非常高,药物本身是蛋白质(以抗体形式呈现),就像海绵一样可以将 TNF 彻底擦除。它们能延缓疾病进程，对病人意义重大，虽然药物还无法做到完全的治愈。要做到根治，我们需要找到潜藏的病因。这很可能是基因突变和环境因素的叠加结果，甚至说不定是一种我们还没发现的病毒在作祟。

随着人口的老龄化，我们将看到越来越多的人患阿尔茨海默病和帕金森病。阿尔茨海默病是一种缓慢破坏我们的记忆力和思维能力的不可逆的脑部疾病，其病症通常在 60 岁后出现。它以阿洛伊斯·阿尔茨海默医生（Dr Alois Alzheimer）的名字命名。阿洛伊斯·阿尔茨海默医生在给他的一名痴呆患者检查脑部时，发现病人脑部海马中有团块（现在被称作"淀粉样蛋白"）和纤维束，而海马正是脑部主要负责记忆力的部位。这些团块和纤维束杀死了海马中的神经元，从而引发失忆症状。

这一次仍然和免疫系统有关。免疫细胞在试图清除这些团块的过程中导致了某种附带损害——引发炎症，杀死神经元。科研人员试图找到阿尔茨海默病患者和常人不同的基因，结果一个叫作"ApoE-ε"的基因被揪了出来。携带这种变异基因的人患上阿尔茨海默病的风险更高，而且近来一项研究显示这个变异基因会加速思维混乱的形成。这么说来，研究人员或许可以以 ApoE-ε 为靶点入手研发新药物。此外，针对性药物也在研发进程中，只是目前看来，效果依然有限。

帕金森病和阿尔茨海默病类似，不过它的团块由 α-突触核蛋白触发，聚集在脑部的另一个叫作"黑质"的区域。黑质是运动控制中枢，这个区域的神经元丢失将导致运动障碍。此外语言能力也会受损，因为发声功能在减退。帕金森病的治疗手段有限，主要的治疗手段是尝试替换由黑质细胞合成的神经递质多巴胺。

但大量证据显示，免疫细胞的过度激活可能是很重要的，所以人们将免疫系统和炎症反应的病理过程作为研究对象，也许有助于帕金森病和（目前治疗手段极其有限的）阿尔茨海默病的攻克。实际上，许多炎症状态存在一个共同的主题，即我们的身体各处因衰老而产生淤积，而此时一种叫作"巨噬细胞"的免疫细胞在试图清除这些淤积。被激怒的巨噬细胞因而引发了炎症反应。其他的例子还包括：痛风（尿酸晶体堆积）、动脉粥样硬化（胆固醇晶体在动脉管壁堆积），以及 2 型糖尿病（IAPP 蛋白质堆积）。巨噬细胞试图吞噬这些异物，NLRP3 蛋白质感应后便触发了炎症反应。目前，我和其他人联合创立的一家公司（Inflazome）正在研发 NLRP3 阻断药物，如果成功，它将对大量疾病起效。NLRP3 是由研究巨噬细胞和炎症反应过程的科学家发现的。这将是一个意义极其重大的发现。

格特鲁德·伊莉昂（Gertrude Elion），她与乔治·希钦斯（George Hitchens）
因发现痛风、疟疾和疱疹的治疗药物而共同获得1988年诺贝尔生理学或医学奖。

所以未来会怎样？在全世界范围内，医学研究都是资金聚集的热点。无论是在大学院校、科研机构，还是在医药公司，致力于创造影响的科学家的身影比比皆是。其中有一位真正的英雄，那就是格特鲁德·伊莉昂。她因发现痛风、疟疾、疱疹等疾病的治疗药物而与他人共同获得1988年的诺贝尔生理学或医学奖。她曾说："当我们开始看见我们的努力成果以新药的形式满足真正的医药需求并让病人受益时，我们的成就感不可估量。"全球每年在生物医药研发上的投资超过了2400亿美元。可是，其中的大部分资金都投入到了受西方世界关注的疾病上，如心脏病和癌症，而传染性疾病，如疟疾和（死亡率相当高的）结核病则少有人问津。这在相当程度上是出于商业考量：药企想要营利，就必须将精力倾注在更受富裕国家关心的疾病上。有时一家医药公司会选择放弃研发针对某类疾病的药物，因为它们被认为难于攻克。近来，辉瑞制药发布公告称公司内部已经停止对脑部疾病如阿尔茨海默病的研发工作就是个例子。

医学研究以理解生命系统的工作原理为起点，然后以此为基础，一步步解决当这个系统崩溃时那些出了错的问题。在英国医学研究委员会的资金支持下，携带指导蛋白质合成信息的DNA的双螺旋结构被发现。DNA的变异是遗传性疾病的基础。许多重要的药物可以通过改造基因来达到目的，如应对糖尿病的胰岛素，所以说英国医学研究委员会的钱花在了刀刃上。总的来说，科学家们为疾病治疗所做的一切，就是在为药物寻找可以直接攻击的靶点。

许多新药的研发正在紧锣密鼓地进行当中，前景非常乐观。所有的基础研究在不断地为我们带来新的洞见，而新的洞见自然会带来新的药物。或许未来有一天，现在困扰着我们的这些大病都将得到预防、缓解或根治。如果说以后人类会死于什么的话，那大概是无聊吧！未来是否会出现新的疾病，或者旧病是否会卷土重来？我们不知道。不久前，埃博拉病毒出现，虽然我们现在已经可以通过接种疫苗来进行防范，但这个教训告诉我们，万不可自满轻敌。此外，我们还需警惕病菌对抗生素产生耐药性，否则我们将一朝重回那个数百万人死于传染病的年代。这是一个令人恐惧的未来。

此外还有几个全新的领域在等待我们迈出勇敢的一步。其中一个令人兴奋的领域是利用技术手段修复缺陷基因。这种体系原本是在细菌身上发现的，细菌可以切割、篡改病毒中的外来 DNA。细菌通过直接攻击病毒的 DNA 来防御病毒入侵，是细菌免疫系统中的关键一环。科学家 [特别是珍妮弗·杜德纳（Jennifer Doudna）、埃马努埃莱·卡彭特（Emanuelle Charpentier）和张锋] 因此意识到，这个机制可以被用来瞄准任何一个 DNA，甚至可以用来修复突变基因中出现的受损 DNA。这项技术被称为"CRISPR"，许多科研实验室目前尝试在不同环境下对其进行测试。目前 CRISPR 已经可以成功校正导致心脏病的变异基因。这个修复试验是在一个人类的受精卵上进行的，换句话说，如果这个受精卵被允许继续发育，那么日后这个人将不会患上这一特定类型的心脏病。这个结果令人振奋，因为它意味着修复更多疾病的突变基因将成为可能，除那些引致失明或肌萎缩的疾病外，遗传性疾病其实还有很多很多。

干细胞研究是另一个让人为之振奋的热门领域。我们知道，受精卵中含有构成身体器官的所有信息。一位日本科学家山中伸弥（Shinya Yamanaka）发现只要将四个转录蛋白（Oct3/4、Klf4、Sox2 和 c-Myc）导入卵细胞中，就能实现细胞的重编程，使其成为一个事实上的受精卵。这被称为"OKSM 协议"，OKSM 也许更应该被解读为："来吧，让我重生！"（OK, So Make Me!）

这些基因可以让那个细胞（比如说一个皮肤细胞）倒带，回到受精卵状态。不要忘了，我们体内所有细胞都拥有足以制造一个完整人的 DNA，因为它们全都来自那个在不断进行自我复制的受精卵。而各种细胞之所以各有不同，是因为在特定细胞上，某些基因的开关被打开了，而另一些的则被关上了。所以一个皮肤细胞合成的蛋白质会说"我是一个皮肤细胞"，而肝细胞合成的蛋白质则说"我是一个肝细胞"。但是一旦你将 OKSM 放入皮肤细胞中，皮肤细胞会重新回到未分化的干细胞状态，几乎和受精卵无异。它也许可以长出新的神经组织，修复你的受损脊髓，或者长出一个新肾，如果你旧的那个坏了的话。

目前有商业公司正在提供人类重造服务，他们从你的骨髓中提取出干细胞，储存起来，未来便可用这些干细胞制造出一个全新的你。这就像给汽车发动机换零部件一样，人或许也能将破损或衰老的部件换成新的。也许我们可以以此获得不老和永生。不过，这里还有一个关键问题，那就是我们要如何支付这些新药呢？它们无论是在现在还是将来，都要价高昂。在爱尔兰，一个癌症病人每年在肿瘤免疫治疗药物上的花费高达 10 万欧元。谁来为它们埋单呢？政府可以承担这笔支出吗？社会是否会因此陷入不公？因为这种治疗只有富人能负担得起，穷人只能选择继续忍受病痛的折磨，虽然这个世界从来如此。在某种程度上，这种情况现在正在发生，尤其是在传染病横行的非洲。这不是由于那些传染病无药可治，而是那里的人们无法得到他们迫切需要的药。

　　或许我们现在能做的是不断地提醒人们，对我们大多数人来说，打败疾病要从预防做起，而疾病预防需要做好三点，那就是好的饮食、适量的运动和充足的睡眠。它们可以帮助我们预防前面提到的许多疾病。如果我们可以修复那些将我们置于险境的基因，这些疾病或许从一开始就不会发生。我们也许都应该谨遵《格列佛游记》的作者乔纳森·斯威夫特（Jonathan Swift）的教诲：最好的三个医生是节制饮食、静心和快乐。也许说到底，笑才是治病的良药。

第十六章

为什么你不用担心老去

就我们所知， 地球上
拥有最长寿命
记录的是一种叫作"水螅"
的动物。

　　"我变老了，我变老了 / 我将要卷起我的长裤的裤脚"，T.S. 艾略特在《J. 阿尔弗瑞德·普鲁弗洛克的情歌》中对人类的境况如此沉思道。我们都会变老的。地球上几乎所有的生命都会衰老、死去。我说的是"几乎所有"。像细菌和酵母这样的生物体，主要以自给自足的单细胞形式存活。它们就是不断地分裂再分裂。但是也有一些证据显示，一旦繁殖的次数达到 40 次，那个酵母细胞就无法继续分裂下去了。这便意味着死亡。

　　这和我们有点像。我们的细胞虽不断分裂，但最终也会停下来。例如你内脏里的细胞每隔 2~4 天就会换一批新的，但终有一天你会死去。你或许是死于意外，但即使到那个时候，你血管里的细胞依然在分裂着，直到耗尽养料。我们大多数人死于疾病，正如我在上一章里说到的，我们许多人会死于衰老引发的疾病。我们的身体终将迎来熄火的一天，也许只是一场普普通通的感染，但我们的身体放弃了抵抗，于是我们就这样死去；也许是我们的心脏或大脑最后陷入了所谓的老年化。如果你不是因意外而死，也不是患上了任何年龄都有可能患上的病，如癌症，那么你的身体就会老去，然后死去。我们会在下一章里仔细探究死亡。但在这里我们不禁要问，衰老究竟是什么？

　　我们可以先看看寿命。据说，史上寿命最长的人是法国的让娜·卡尔芒（Jeanne Calment，1875—1997），她一共在世 122 年零 164 天。她的长寿秘诀是什么，我们不得而知。她本人曾说："永远保持微笑。我认为这就是我长寿的原因。我想我会含笑而死。那也是我的计划之一。"这个寿命已经接近人类寿命的极限了。再看看其他动物，我们会得到一些惊人的结论。老鼠的平均寿命是 3 年，猫是 12 年，狗是 13 年。这没有什么规律可循。人们普遍认为寿命和大小有关——体积越大，活得越长。

就我们所知，地球上拥有最长寿命记录的是一种叫作"水螅"的动物。水螅生活在淡水里，体积微小，长有触手，可以活上 1400 年。爱尔兰人的平均寿命是 81.4 岁（男性、女性分别是 79.4 岁和 83.4 岁）。和其他国家比起来，爱尔兰人在这方面不算太差。日本在全球排名第一，人均寿命为 83.7 岁。爱尔兰排在第 19 位，略领先于人均寿命 81.2 岁的英国。塞拉利昂的情况则不太乐观，人均寿命为 50.1 岁。这在一定程度上是由疾病导致的，如艾滋病。

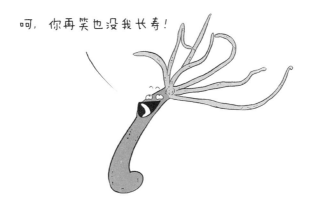

呵，你再笑也没我长寿！

一个物种（其中大概也包括我们人类）可以活多久很有可能是由心跳次数决定的。平均而言，人的一生的心跳次数为 22.1 亿次，猫是 11.8 亿次。证据显示，心跳次数和生物体的存活时间直接相关。如果你将水蚤放进一个更温暖的环境中，它的心率会陡然提升 412%，死亡速度会加快 77%。但它的总的心跳次数是不变的，还是 1540 万次。但是，这也未必放之四海而皆准，研究衰老的学者认为这是一条非常粗糙的经验法则。鸟类和蝙蝠的心跳次数和它们的预期寿命比起来就要多得多。但是，每一个物种一生的心跳次数看起来的确是有限的。这个说法让宇航员尼尔·阿姆斯特朗也打趣道："我相信每个人的心跳次数是有限的。因此我不打算浪费我的任何一次心跳。"这或许还表示，当你健身时，你的心脏在每分钟跳动的次数会增加，也就意味着你的寿命变短了。这给了我一个逃避运动的完美理由。

如果具体到我们体内的单个细胞的话，这些细胞在分裂到一个有限的次数后也会停止。第一个对此做出详细研究的是一位名叫伦纳德·海弗利克（Leonard Hayflick）的科学家，因此特定种类细胞的分裂次数的极限被命名为"海弗利克极限"。这是每一类细胞在衰老前可以分裂的次数。胚胎细胞的分裂次数是 60 次。有些细胞从不分裂，被命名为"终末细胞"。一个最好的例子就是你大脑中的神经元。这就是为什么你的大脑在受到损伤后，再好的修复也做不到康复如初，因为大脑的神经元已经无法分裂。

一个细胞怎么知道它到没到达它的海弗利克极限呢？对此，伊丽莎白·布莱克本（Elizabeth Blackburn）、卡罗尔·格雷德（Carol Greider）和杰克·绍斯塔克（Jack Szostak）有惊人的发现。他们注意到在我们的染色体末端发生了核苷酸的重复。记住，我们的染色体由 DNA 构成，而 DNA 是由大量核苷酸组成的长链。以我们自己为例，我们有 23 对这样的长链，它们组成了我们的 23 对染色体。布莱克本和她的同事发现在染色体末端存在大量一模一样的核苷酸，就像一根珠链的尾端串着很多黄色的珠子一样。它们被称作"端粒"。由于这一发现，他们三人共同获得了 2009 年的诺贝尔生理学或医学奖。

细胞每分裂一次，端粒就变短一点：染色体少了几颗珠子。等最后染色体变得短得不能再短了，细胞便会感应到这一现象，终止分裂，就像细胞里藏着一个计数器一样。但是，癌细胞是长生不老的。它们会一直分裂，一直分裂，然后形成一个肿瘤（肿瘤的英文 tumour 来自拉丁文的"肿胀"一词，就像一个肿块）。这是因为它们能不断地往长链上补充珠子。完成这项工作的酶叫作"端粒酶"。它是一个有趣的研究对象，将为关于阻止癌细胞生长的研究带去新的思路。

海弗利克极限或端粒长度是如何影响到那个终极数字的（如死亡），我们不得而知，但科学家们感觉它们之间一定存在某种联系。因为最后当所有的细胞都停止分裂的时候，我们就死了。这也许和干细胞有关。随着我们的年龄增长，干细胞在不断地为我们补充新的组织。比方说，某个内脏细胞在经历了海弗利克极限设定的分裂次数后会走向凋亡。它们不再有替补就是衰老的一个标志。

对人体衰老机制的解释集中在以下两个方面。和大多数疾病一样，人的衰老与特定的基因变异有关。民间流传着长寿老人的后代似乎能活得很长的说法。但是，这个说法的问题就在于人们始终没有准确定位到一个相关的基因。第二个方面也就是环境因素，也夹杂在其中。你的妈妈养育你的方式，在很大程度上是从她的妈妈那里习得的，所以结果就是你们都能活得很长。

说到环境，有一个因素扮演了尤其重要的角色，那就是我们的饮食。你的身体会将你吃下的食物分解消化，然后所得产物可以让你长身体，同时也会生成一种叫作"ATP"的分子，ATP 是所有生命体内的能量货币。它是你用来给身体内一切需要能量的活动供给燃料的电池，无论是体力补充、血液流动，还是当细胞分裂时复制 DNA。不过，ATP 的生成也会产生副产品，有点像汽车发动机在消耗汽油后会排出废气。

那个副产品叫作"活性氧"，就衰老而言，活性氧大部分来自细胞中负责将食物转化为能量的结构——线粒体。活性氧是一种很容易起反应的物质（漂白剂中就有大量的活性氧），但我们的身体自有办法将其控制起来。我们会在细胞中合成或从食物中摄取一种叫作"抗氧化剂"的化学物，这种物质可以清除体内的毒素。但活性氧可以"锈蚀"我们的 DNA，就像铁在空气中会生锈一样。如此日积月累，会对 DNA 造成损坏。有些科学家因此认为是 DNA 的"锈蚀"（DNA 的逐渐瓦解）导致了心脏的老化，但是这种衰老机制观点仍有争议。

这看似是促进老化的变异基因制造出擅长抗击活性氧的蛋白质，因此科研人员更倾向于认为将我们置于死地的是我们吃下去的食物。这些蛋白质充当着强力抗氧化剂的角色。食用富含抗氧化剂的食物，比如蓝莓和西蓝花，也许能帮助我们抵消活性氧带来的危害。但对于最终害死我们的是食物这件事，除了节制饮食，不要让自己陷入肥胖，我们能做的其实不多。根据对百岁以上老人的调查研究，他们身上主要的共同点是吃得较少，也不胖。

另有研究显示，如果你在 50 多岁时保持运动，就可以延长 2.5 年寿命。婚姻生活同样可以延长寿命，已婚人士可以多活 7 年。这大概是整体压力减少导致的。而离婚则有平均减寿 3 年的效果。婚姻生活有利于健康是显而易见的。你的伴侣会为你提供支持，时常鼓励你养成良好的习惯。不过，这个结论或有因果倒置的嫌疑。

有证据显示，对于那些原本就拥有健康、长寿的生活方式的人来说，婚姻能够加大这种可能性，而那些生活方式不健康的人则更容易离婚。对有些人来说，逃离一场失败的婚姻也许有助于他们重获新生。那意味着他们会过得更快乐，活得更长久。

食物与衰老相关的观点也在动物试验中得到证实，尤其是线虫试验。线虫是一种生活在腐烂的菌菇上的微型蠕虫，研究衰老课题的人对其爱得深沉。线虫的生命只有数周时间，所以很容易看出来它们是活得更长了还是更短了。线虫身上一共有1096个细胞（这一点和我们不同，我们身上的细胞多得数不清），每一个细胞都可以被追踪。我在剑桥工作时，遇到过一位叫约翰·萨尔斯顿（John Sulston）的科学家，我问他在研究什么。他告诉我，他每天有8个小时都在盯着显微镜里的一条蠕虫看，数它身上的细胞，看看都有什么变化。我当时的反应是"你逗我呢？"，他后来凭借这项突破性工作获得了2002年诺贝尔奖，他的研究为细胞的生存和死亡过程提供了深入的分析，也为操控线虫的基因，观察后续结果奠定了基础。当科学家让这个小虫子的某个与营养有关的基因产生突变后，它的寿命延长了两倍。

我今天已经观察了8个小时的蠕虫了。

这如果在人体上实现了，那么我们将会活到200岁。转基因线虫的寿命之所以延长，极可能是因为它们消化食物的效率更高了。它们在某种意义上进入"稀薄燃烧"[1]模式，产生更少的活性氧，因此降低了对DNA的损害。此外也有证据显示，人体的DNA损坏会加速衰老。有一种病叫作"维尔纳综合征"，或称"成人早老

1　稀薄燃烧是一种内燃机的引擎工作方式，指在燃料燃烧时，提高空气的占比使燃烧更充分，能极大减少尾气中的碳氢化合物。

综合征", 患此病者会加速衰老。这是一个基因发生突变造成的, 这个基因是一种负责编码修复受损DNA的酶,由于患者此项功能受损,其体内受损的DNA不断累积,从而导致衰老加剧。而正常情况下,酶会修复营养副产品活性氧带来的DNA损伤。

所以如果我们注意饮食的话,就能活得更久吗? 研究结果看起来的确如此。暴饮暴食并非好事。某些饮食习惯的确特别好,最著名的是以蔬菜、水果、橄榄油和海鲜为主的地中海饮食。做做运动是好的,但做太多了也不好。如果运动量太大,你的身体就会产生更多的活性氧。适度运动会使体内产生的化学物质从各个方面来说都是有好处的,包括修复受损组织。

为了得到更多的信息,科学家们常常会到人口寿命超出平均水平的地区去研究当地人口。意大利有一个叫作"阿西亚罗利"(Acciaroli)的偏僻小镇,据说是欧内斯特·海明威的小说《老人与海》的灵感来源地,这里生活着300多位百岁老人。这些村民正被试图寻根问底的科学家折磨得不胜其烦,他们的寿命说不定会因为这些关注而变短了些。这些人有哪些特别之处? 他们的心脏病和阿尔茨海默病的患病率都非常低,这两种都是衰老带来的疾病。这些村民秉承典型的地中海饮食,日常食用大量的鱼、橄榄油和如迷迭香这样的植物。迷迭香中有一种叫作"鼠尾草酸"的天然物质,事实证明它有助于增强老年人的记忆力,抑制活性氧的负面作用。他们也比普通人更常运动,因为他们生活的地区山丘起伏,徒步和爬山已经成为他们日常生活的一部分了。所以所谓的长寿秘诀,还是那句我们从小听到大的话: 健康饮食，适度运动。正如那句谚语所说："病是吃出来的。"

关于衰老的另一个有趣的理论和炎症的反应过程有关。正如我们在上一章中看到的，炎症是我们身体防御机制的重要一环。如果你的伤口被感染，或者你扭伤了脚踝，就会触发炎症反应，伤口会变得酸痛、红肿和发烫。这个机制是为了修复损伤，发炎多数是因为血液纷纷涌向伤口，一来是让免疫系统去前线作战，二来是重建受损组织。这是一个高度复杂的身体自愈过程。但是，当这一切不受控时，便会恶化为一系列的疾病，包括关节炎（关节炎症）、结肠炎（肠道发炎），甚至发展为会影响大脑的疾病，如多发性硬化症和阿尔茨海默病。

研究人员为了能够开发出治疗这些恼人疾病的新疗法可谓不遗余力。这些疾病中有几个是与衰老相关的，因此科学界认为衰老在它们的病情发展中扮演了相关角色。这催生了一个医学名词"炎性衰老"（inflamm-aging），表示由逐渐衰老引起的炎症。活性氧也会刺激炎症的发生。因此或许消炎药物也对抑制衰老起作用，事实上，一种叫"雷帕霉素"的药已被证明可以做到这一点。消炎（或以消炎作用为主的）药可以让小鼠寿命延长 20%，换算成人类寿命的话，则意味着人均预期寿命将延长至 96 岁。

寿命值

此外有证据显示，拜一个叫"NF-kappaB"的炎症因子所赐，大脑中的下丘脑成为衰老的关键所在。当这个因子被屏蔽时，小鼠寿命再次延长了 20%。NLRP3是引发血液中巨噬细胞炎症反应的关键因子（其在疾病中扮演的角色详见第十五章），可以检测到我们体内随年龄增长而累积的损伤（如血管壁中的胆固醇）。事实证明，通过抑制小鼠的 NLRP3 可以达到延缓衰老的目的。缺失 NLRP3 小鼠患白内障和骨质疏松的概率会更低。这些发现令人瞩目，为我们治疗与衰老相关的疾病提供了新的研究方向。

　　每一个国家都有可能变成日本。我的意思是老龄化、健康化的人口构成将成为常态。日本的变化着实令人瞩目。1950 年，日本人口中 65 岁以上的占 5%。今天这个数字已经变成了 28.4%。每一位女性的平均生育子女数是 1.4 个，换句话说，日本已经深陷"人口困境"。日本是第一个成人纸尿裤比婴儿纸尿裤销量高的国家，一些儿童游乐场也正在被改造为老年活动区。他们长寿的原因似乎还是和饮食方式有关。日本人吃大量的海鲜，和西方人比起来，他们日常摄入的含糖饮料也要少得多。日本肥胖的人少之又少，当然相扑运动员除外。

　　说完所有这些研究，话又说回来，我们究竟能不能发现青春不老药呢？也许，我们已经在服用不老药了，毕竟如今的药物已触手可及了，比如低剂量的阿司匹林（其功能是借稀释血液降低患心脏病的风险），比如二甲双胍（抗 2 型糖尿病的药），这些药物本身很可能是由于其消炎属性能够或多或少地延长我们的寿命。二甲双胍其实是一种挺有意思的药。它由都柏林三一学院的埃米尔·维尔纳（Emil Werner）和詹姆斯·贝尔（James Bell）首次在一种山羊豆提取物的基础上合成，这种植物很早以前就被用于治疗 2 型糖尿病。2 型糖尿病是由于胰岛素不能有效发挥作用，饭后血糖浓度高所致。英国的一项研究对 18 万人进行了调查，结果显示接受二甲双胍疗法的人平均寿命延长了 15%。如果我们能更准确地了解它的作用机制，或许就能研发出效用更高的二甲双胍药物。但我们清楚这一定与营养消化相关，因为它能降低血糖，也清楚它具备消炎属性。

　　另一个能延年益寿的不可思议的"不老药"是年轻的血液。在一系列不寻常而又令人震惊的实验中，研究人员注意到，一只老年小鼠如果被注入年轻小鼠的血液，就会变得健康，还会变得双眼清澈、关节灵活。年轻小鼠的血液事实上为这只老年小鼠注入了活力。这听起来有点像德古拉以吸年轻人的血液为生一样。有一种叫作"GDF11"的因子，它在年轻人或小鼠的血液中含量更高，随年龄增长而减少。当我们将这种因子注入小鼠身上时，能收获与注入年轻小鼠的血液类似的效果。关于它的作用机理我们尚不清楚，但它可能就是我们一直在寻找的"不老药"，不过也不一定，毕竟过去我们也遇到过关于这方面的虚假曙光。

给我更多年轻人的血液！

这些研究投入是否有价值？这依然是引人遐思的哲学问题：我们为什么会变老，以及（我们将在下一章中看到的）我们为什么会死、将如何死去。即使我们找到了对我们有帮助的药，它们也不可能让我们活过人类寿命的极限——大概在120岁。除非我们有办法在培养皿中用干细胞不断地培植器官，然后不断地用新的器官替换老去的器官；否则，我们就只能通过抑制炎症反应来抵抗生命的衰颓，延缓衰老对我们的侵害。它还能帮助我们降低患痴呆的概率，因为随着年纪增长，我们的大脑患上如阿尔茨海默病这样的疾病的风险也在增加。如果我们能保持思维活跃、敏捷（这有助于增加脑细胞间的联系，反过来说，虽然人们进入老年后脑细胞联系减少，但他们会有额外的脑容量），那么痴呆也是可以避免的。

但也许变老并不全然是坏事。一系列研究均显示，我们在不同的年龄会处于不同的巅峰。当你回顾一生，会问自己更爱哪个阶段的自己呢，24岁、47岁，还是75岁呢？科学家此前选取了众多生理、心理指标，试图找出每一个指标在取得巅峰成绩时所对应的年龄层，部分结果非常有趣。七八岁是学习第二语言的最佳年龄。我们在那个时候的心智处于接受度最高的时候，可能是因为我们那时最听父母的话，不听的话会有严重的后果，比如说容易在意外中受伤。

但是要注意，一方面，那也是我们最易受外界信息影响的年纪，所以耶稣会士们才会说："给我一个7岁的孩子，我将还你一个成熟的大人。"过了30岁再学第二语言，恐怕要难上许多。而另一方面，大脑的信息处理能力（如理解信息的能力、记忆长串数字的能力）则在你18岁时达到顶峰。这对正在上大学的你来说是个帮助，因为你的大脑此时处于接收复杂信息的最佳状态。你记忆陌生名字的能力在22岁时达到最高点。这大概是因为此时的你刚步入社会，承担不起因为忘记外部族首领的名字而惹恼他所带来的后果。自然，你的身份焦虑此时也达到了峰值。

男人觉得女人在22岁时最有魅力。而女人则大多认为年纪比自己大一两岁的男人更有魅力。（这个结论恐怕不具参考价值，因为这是基于一个约会软件的数据库得到的结论，而且整体样本未必可靠，因为那个约会软件的用户和普通人群之间应该不能画等号。）你的肌肉力量在25岁时达到巅峰。你最好的马拉松成绩将在28岁时取得。你的骨量在30岁时达到峰值，因为那是你的骨骼最能留住钙质的时候。

如果你是一名棋手，那么你的巅峰将在 31 岁时到来。这个发现是在研究了 96 位大师后得出的。

　　一项万人调查（由于样本量大，其结果应该是可靠的）显示，一个人对他人情绪状态的感受能力在 40~50 岁之间达到顶峰。此外，人在很多方面上都是年纪越大状态越好的，比如你的运算能力在 50 岁时最好，词汇量在 60 多岁接近 70 岁时最多（因此可以等到那时再开始创作你的大作）。你在 70 多岁时对自己的身体感受最自在。最后，也是众所周知的一点：年过七旬是你最智慧的时候。这项调查的测试方法是要求人们评判他人的观点、判断某个特定情境下的事件发展结果，以及考察他们寻求折中方案的能力。所以，智慧随年龄的增长而增长，这话丝毫不假。

　　有几项研究同时显示了一个惊人的结果，那就是人们的生活满意度在一生中有两个高峰点，分别是 23 岁和 69 岁。这是著名的 U 形曲线，人在 23 岁时最快乐，随后快乐程度开始逐年下跌，在 50 岁时触底反弹，逐年回升，并在 69 岁时再次达到顶峰。这和你是否有孩子、是否单身没有关系，甚至和你是否支持国足都不相干。它似乎就是我们与生俱来的某种属性。更重要的是，在 70 岁之后，假设满分是 10 分，人们至少会给自己的生活打 7 分，而年轻人打的分则要低些。所以，如果现在的你感觉生活一团糟，那么不妨等等。就像一位智慧的老人曾说过的："20 岁时，我们总担心别人怎么看我们。到了 40 岁，我们已经不在乎别人怎么看了。而到了 60 岁，我们会发现压根就没人看你。"所以等待和坚持都是值得的，让我们优雅地老去（但愿也能健康地老去），因为生活只会越来越好。

道可道，非常道。

第十七章

不足为惧的死神：我们的身后之事

你摄入的葡萄糖中有75%都被那些吭哧吭哧地工作着的神经元消耗掉了，而这个过程需要氧气的参与。

　　你一定会死。这不是什么值得高兴的事儿，但不要忘了，科学从不回避任何问题。在爱尔兰，每年死亡人数约为 3 万人，殡仪馆为此忙个不停。他们经手的死人数不胜数。有些人英年早逝，死于意外；有些人死时已是垂暮的老人。每个人每天都将自己的行程安排得满满当当，但你不妨看看你手机上的日历，那上面一定有一个日期是你的死期。继续滑，继续往下滑……你指尖滑过的日期里总会有你终将死去的那一天，只是死神现在还没给你填上那个日子。

　　有趣的是，今天在爱尔兰出生的孩子，按理来说是可以活过 100 岁的。这是因为现代医学的进步带来了诸如他汀类（它能帮助控制我们血流中的胆固醇水平，降低患心脏病的风险）这样的药物，以及但愿是更好的生活方式（不抽烟、少吃、适度运动和睡眠充足），这些因素都有助于延长整体人口的预期寿命。但是，还有约 20% 的人会死于意外——一场事故，或者也可能是一次中风。另有 20% 的人将死于癌症（不过就像我们在第十四章中看到的，随着医疗手段的持续更新，这个比例将有望降低）。

　　癌症患者将在相当长一段时间内保持着相对健康的状态，一般要到临近死亡前几周身体状况才会直线下降。剩下的大部分人则会随着年龄的增长，经历一个缓慢的身体衰败过程，其间会遭受各种不同的慢性疾病，如心脏或肾脏衰竭、痴呆等等，但同时也有一系列的药物能帮助我们渡过难关，使我们活得更久一点。据估算，在你一生中吃下的药里，90% 都是在你人生的最后一年吃下的。在临终前几个月，你身上的病痛会时好时坏，但整体的身体机能则处于缓慢而持续的恶化中。太悲惨了是吗？所以，吃吧，喝吧，放纵吧，反正我们总有一天都会死。

其余时间的药品用量　　　　　最后一年的药品用量

关于死亡，有一个问题曾经困扰人类几百年，那就是我们怎么知道一个人死没死。这在现在看来或许很明显，但在过去并非如此（当然，除非那个人的脑袋被砍了下来）。假设你现在生活在 100 多年前，你年迈的爷爷（在那个时候可能也就 40 多岁）看起来似乎是断气了。这时你不会去叫医生，而会找来一个牧师，让他（绝不可能是她）来下死亡通知。牧师能依赖判断的只有死亡时才会有的那些外部体征。牧师会在爷爷的嘴巴上举一面镜子，看镜子上会不会出现雾气，或者在他鼻子下放根羽毛，看羽毛会不会动。到 18 世纪初，人们已拥有足够的人体知识，知道检查心跳了。但直到 1816 年，听诊器才被一名叫勒内·雷奈克（René Laennec）的法国医生发明出来。双耳听诊器（现代听诊器的雏形）则出自爱尔兰医生阿瑟·里尔德（Arthur Leared）之手。在听诊器出现之前，检查心跳需要经过一个所谓的鲍尔弗氏试验。这是一个相当可怕的程序，具体来说是将一根细长的针插入病人的心脏，针的尾部系着小旗，如果小旗动了，则表明心脏在跳，此人还活着。

但是，医生们逐渐意识到，虽然从表面上看人已经死了（检测不到心跳或呼吸），但他们实际上可能还活着，有醒来的可能性。此类误判导致人还活着就被下了葬，这种现象在 19 世纪并不少见。埃德加·爱伦·坡（用约翰·列侬的话来说，这是一个经常受人攻击的人¹）写起这一类恐怖故事来更是信手拈来。所以为防患于未然，有些棺材里会备着一根线，线的另一头连着地面上的一个铃铛，万一那个可怜人在棺材里醒了过来，还可以拉一下铃铛，向外界传递自己没死的信号。即使在今天，医生们在某些状况下对宣布病人死亡一事也十分谨慎。若病人此前经历了诸如自杀未遂或溺水的情况，且被送进医院时处于昏迷状态，那么这时很可能是没有任何生命体征的。他们的躯体冰凉，这时医生通常会先给他们的身体加温，再判断他们是否真的已经死亡，因为生命体征有可能在身体回暖后恢复。有个说法叫"体温回升后死亡"（warm and dead），指的就是这些不幸的人。

现在，各种抢救方式或维生手段都已经得到了极大发展。病人可以连上呼吸机，它可以帮助其保持呼吸和血液循环。如果你将脉搏跳动作为唯一一个能证明存活的指标的话，那能够让一个人维持这种生存状态的机器数不胜数。但在 20 世纪 50 年代，医生意识到这类人虽然依赖机器但依然是活着的人。"持续性植物状态"和"不可逆性昏迷"等词便是在这种情况下被创造出来的。他们不可能再恢复生机，因为脑损伤无法修复。因此现在医学定义死亡一般以脑死亡为标准。

一个人若是符合脑死亡的标准，就说明他已经完全失去自主呼吸的能力了。呼吸为身体带去氧气，氧气通过燃烧燃料将其转化为能量，而能量则是维持身体各部位运转的必需品，因而人体无法离开呼吸。简单来说，当身体无法得到足够的维持生存的氧气时，便开始走向死亡。但是，身体中不同的细胞的死亡速度各有不同。如果你划伤自己且血洒在地板上的话，那些血中含有的大量的白细胞在离开你的身体后还能存活几个小时。死亡所需的时间其实和被剥夺氧气的细胞的类型有关。

在这方面，大脑其实是最贪心的。大脑需要大量的燃料来维持运转。你摄入的葡萄糖中有 75% 都被那些吭哧吭哧地工作着的神经元消耗掉了，而这个过程需要氧气的参与。一旦大脑发生氧气断供（比如发生严重的中风，就是因为大脑的主要血管动脉被堵塞而导致脑缺氧），短则 3 分钟，长则 7 分钟，你就会没命。氰化物因为直接干扰呼吸过程（氧气被用来燃烧燃料，以合成细胞的能量货币 ATP 的过程），

---

1   出自披头士乐队的《我是海象》（*I am the Walrus*）中的歌词 "Man, you should have seen them kicking Edgar Allan Poe"。

因此索命速度也同样惊人。同样，如果你通过堵塞血管（如冠状动脉主干）来切断心脏的血液供应，那么由于心脏发生痉挛，死亡相对来说也会来得很快。

不过，大部分人并不会以这种方式突然死去。你身体里的各个系统只会随时间推移慢慢发生故障，就像我们在第十六章中看到的：和所有机器一样，它们的零部件就仅在磨损中不断老化。只有当死亡临近时，身体才会开始显现出这些系统正在经历缓慢衰竭的外部征兆，告诉你死神在敲门［或者报丧女妖 [2]（Banshee）已经在屋顶号叫了］。人到那时会变得贪睡，就像电脑上的睡眠模式一样。这是为了尽可能保存他们还剩下的能量。当能量储存水平极低时，你会连吃喝的力气都没有，变得吞咽困难、口干舌燥。所有你能感受到的疼痛，医生都能为你解决。实际上有许多人会靠一种类似吗啡的镇静药物得以摆脱这个垂死的阶段，在睡神的怀抱中平和地离世。作为一种死法，这倒也不坏。

2　报丧女妖是爱尔兰传说中一个预告死亡的女妖精。

　　患者走向死亡时就会进行姑息性治疗。姑息性治疗的目的是提高病人的生活质量和舒适程度，而不是试图延长病人的寿命。这对时常尽全力挽救生命的医护专业人士来说或许是个挑战。姑息性治疗是一个重要领域，就像作家塞莉·桑德斯（Cicely Saunders）说的："我们如何离开，会成为在世者永远的记忆。"

　　死亡的一个令人痛苦的方面是哀恸中的亲人也许会听到病人的"濒死喉声"。这是由于肺部分泌物堆积，喉头堵塞，导致病人在最后时刻的呼吸中伴有杂音。然后，心脏停止跳动，生命戛然而止。自打娘胎开始，日复一日，年复一年，心脏在经历了平均总共 20 多亿次的跳动后——生物工程的鬼斧神工，就像所有美好的事物一样，终将走向终结。

　　我们无法确切地知道一个濒死之人的感受。但是，据那些去鬼门关走了一遭回来的人说，他们感受到了平静和愉悦。人们对濒死体验（near-death experience，NDE）的描述出奇地一致。有人报告称自己有灵魂出窍的体验（一种飘浮在自己肉体之上的感觉）；有人报告说自己看到前方有一道亮光，而自己正向它走去；有人甚至说他们看到死去的亲人在召唤他们。这些说法在不同文化中都出现过，且都惊人地相似。

　　关于那道亮光的一个解释是，那是视神经的最后一次闪烁。而对于其他体验，最合理的解释是大脑发生变化而引发了幻觉。我们的身体会在疼痛时或剧烈运动后分泌天然的止痛剂——内啡肽，幻觉或由此而来。内啡肽可以充当镇静剂，帮助缓解痛苦，因而令人产生幻觉。当然，也有人从灵魂角度进行解读。这个过程让我们知道死亡一点都不可怕，而且看起来也的确如此。将死之人通常不会有临死前的焦灼，也许是因为当死亡临近时内啡肽在发挥作用。

终于，当一切已经无法回头时，人便进入了所谓的"生物学死亡"状态。在心脏停止跳动后，脑细胞也因为缺氧开始走向死亡。一旦这个过程开启，任何复苏术都无力回天；但死神也许还会跟我们开最后一次玩笑，那就是拉撒路反射。它是在刚离世者身上发生的罕见的脊髓反射。因为脊髓中的神经元还未完全死亡，所以能触发反射。死者会将双手高举并且交叉于胸前，而后又垂下。这戏剧化的一幕必然会让医生或可怜的亲友惊得跳起来。

一旦死亡发生，关于死者在死后将面对什么，你的看法则完全取决于你的宗教或文化信仰。若得知还能于来生重逢，对痛失爱人的人来说无疑是一大慰藉。但毋庸置疑，死亡是所有人心头挥之不去的谜题。对此，近来备受关注的一个科学疑问是，死期是否可以预言？政府和保险公司里的精算师爱做这方面的盘算，因为他们得计算现在收多少钱才能覆盖日后的养老金支出以及人们老了之后需要的医疗保障支出。

现在有一种在线测试，你只要提供体重、坏习惯、家族病史等信息，它就能给你一个你的预期死亡时间。然后它会出现一个"死亡时钟"，预测一个健康的人在未来 5 年内因病死亡的概率。我给自己做了一个，它告诉我，我会在 78 岁 3 个月零 14 天的时候去世。那意味着我还有 219012 小时 17 分钟 21 秒（从我看到预测结果的那一刻开始计算）可活，而且这个时间正在一秒秒地流逝。我得立马在日记里记下这个日期：2042 年 10 月 1 日——我的死亡之日！

科学家们惊讶地发现，一个简单的血液检测就能预测一个人的死亡概率，即使这个人目前并未得病。血液中的四种特定因素将会被放在一起，得出一个你有多脆弱的结论。如果一个人的这些所谓生物标志物明显不同于常人，那么这个人在 5 年内死亡的概率是普通人的五倍。有意思的是，这些标志物给出的死亡预测，并非基于某种特定疾病比如心脏病，而是基于整体的健康水平。一般而言，生物标志物主要是如胆固醇水平这样能预测心脏病患病概率的标志物。

但这些生物标志物与一般的不同，包括四种，分别是血液中的白蛋白、α1-酸性糖蛋白、柠檬酸盐和极低密度脂蛋白水平。研究人员采集了 17000 多名健康人的血液样品，并进行了 100 多种不同的关于生物标志物的筛查。上述四种标志物与死亡可能性的关系较紧密。在死亡的 684 人中，这四种标志物的失衡状态较为严重。在标志物水平高的人群中，有 20% 的人在 1 年内死亡。

这项研究实际上是证实科学的一个绝佳范例。这个研究第一次的样本是爱沙尼亚的 9842 人，但科学家们对这个结果半信半疑，于是检查了在芬兰的另外 7503 个人，得到了相同的趋势。这说明这个效应是可复现的，则理论上具有通用性。当人们有了新发现时，必须对它进行反复验证以保证它的准确性。这四个生物标志物的检测分析或许将在日后被广泛应用，被预测出具有高死亡风险的人或许需要进一步的医疗干预。

不过，这里还存在伦理争议。这些人目前都很健康。科学家必须告诉他们，他们活不过 1 年的概率很高吗？他们想知道吗？这将如何影响他们的行为呢？他们会马上列下一堆死前要做的事：如抛家弃子，周游世界，潇潇洒洒地过上一年？谁知道呢？也许我们都需要一个许可证，它让我们理所当然地去享受在这个世界上的时光。这样一个检测也许可以帮到我们，但不要忘了，它能给我们的只是死亡风险，而不是一个必然结果。毕竟有些人虽然生物标志物水平很高，却并没有死去。

那么，人在死后会发生什么呢？这个问题说起来恐怕让人后背发凉，所以胆小的读者记得把灯点亮，手边备上一杯烈酒。还是那句话，我们科学家从不逃避任何问题。一旦人断气，就到热力学第二定律登场的时候了。这个定律告诉我们万事万物终将从有序走向无序，用科学的话来说就是所有事物总是趋向于熵增。既是如此，我们的身体也终将走向分解。它会被分解为各个零部件（这个状态意味着它进入一个熵值增加的状态，有点像一种分子在无序移动的气体之中一样）。

因此，生命又可被定义为"与熵的对抗"：你的身体将自己维系在一个高度有序的状态中（当你通过摄入食物获取能量，成功维持生命的时候，此时你的所有结构——骨骼、脏器和组织——是完整的）。一旦能量消耗殆尽，第二定律便会将它无情的手伸出来，尸体于是开始腐烂。腐烂过程的长短取决于你的身体所处的环境。如果尸体是被冷冻保存的，那么一切都会慢下来。因为分子在寒冷环境中的移动速度会变得非常慢，所以腐烂不会马上开始，就像我们将肉放到冰箱里保存一样。如果尸体被装进了一个铅制棺材里，那么要达到完全腐烂的状态，恐怕会花上几十年的时间；但如果尸体被放置在户外或埋在土里，那不出数月，就会消失。

接下来让我们看看这一系列事件的发生顺序。这是法医们为了确定死亡时间整理出来的。死亡开始的几分钟，二氧化碳开始在血液中聚积。这是因为正常情况下，人会将二氧化碳呼出：身体为释放能量而分解食物的过程中会排出气体，二氧化碳就是呼出气体中的一部分。但是这种气体对细胞来说是高毒性的，因此细胞开始炸裂。细胞中备有能够消化东西（比如它们摄入的食物）的蛋白质，这些蛋白质开始分解尸体。你的组织开始从内部被分解。

约 30 分钟后，血液会聚集到身体最低的部位（因为心脏不再跳动，所以血液也已经停止循环）。这表示一具尸体的底部会因为血液聚集而变黑，而其余部分则苍白无比。钙离子开始从肌肉细胞中滤出，就表示肌肉要开始收缩了并且会逐渐变得僵硬。这种现象就是众所周知的"尸僵"（rigor mortis）。我的一位已经不幸离世的挚友斯蒂芬·康奈利（Stephen Connelly）就曾把勃起叫作"严肃的莫蒂默"（Rigorous Mortimer），不过两者的原理当然是不同的。

接下来的大事件是内脏破裂，还是由气体聚积导致的。这次破裂将肠道里数不清的细菌全部释放了出来，既引发了进一步的分解腐烂，也令腐尸散发出一股恶臭。与此同时，细菌也在制造气体。在接下来两周的时间里，这些气体会让尸体逐渐开始肿胀起来。那些溺亡者的尸体就是在这个时候浮出水面并被冲到岸边的。

越来越多的细菌开始渐渐地参与进来，很多其他生物也不会放过这个机会。第一个到达现场的昆虫是蝇，包括家蝇。不同种类的蝇的抵达时间不同，因此这对法医病理学家来说是非常有用的信息。其实在法医学中有一个细分领域叫作"法医昆虫学"，这个领域研究的就是这个：哪种昆虫在什么时间出现在一具尸体上，以及尸体上最先长出来的是哪种蛆。这对蝇晚餐时间来说是个再"美妙"不过的话题了。有些蝇相较而言喜欢更成熟一些的身体。比如甲虫通常是这场派对上来得最晚的，因为它们喜欢那种已经被分解得差不多的尸体。然后苍蝇开始产卵，蛆便出现了，蛆又催生出更多的蝇，如此这般生生不息，循环得以继续。

最终，几个月后（或者几年后，取决于尸体所在地区的环境和气候），剩下来的就只有一副白骨了。即使是骨头里硬硬的骨胶原，都会被分解掉。没有生物可以消化骨头，这是一种坚硬的钙基矿物。不过也有些时候，骨头会被挫碎变成尘灰，消散在风里。就这样，你的身体彻底完成了它的循环，回归到它当初起源的星尘中去了。用大卫·鲍伊的不朽名言来说就是："尘归尘，土归土；疯的更疯，怕的更怕。"

推测死亡时间实际上是一门高度精确的科学。要做的第一件事就是看看死人身上是否佩戴手表，表上指针是否因被损坏而停止。这应该很好理解吧。其实，死亡时间分三类：生物学死亡时间（也就是人真正的死亡时间）、推测死亡时间（理论上应该和生物学死亡时间一致，但实际中会存在少许偏差），以及法定死亡时间。法定死亡时间将会被记录在你的死亡证明上，表示尸体被发现的时间，或被第三人宣布死亡的时间。推测死亡时间的一个办法是测量体温。人在活着的时候，核心体温是 37.5 ℃。死后，尸体温度每小时下降 1.5 ℃，直到和室温持平。

另一个方法被叫作"拉布拉多法"（LABRADOR），是"掩埋式遗骸和腐烂气味识别轻量分析仪"（Lightweight Analyser for Buried Remains and Decomposition Odour Recognition）的英文缩写。这是一个哗众取宠的名字（为了凑出这个名字一定花了不少时间），它实则是一个能"嗅出"陈腐尸体所散发的不同化学物质的仪器。气味来自不同种类的细菌挥发出的化学物质。和昆虫一样，不同的细菌于不同的时间抵达，也就意味着遗体在不同时间会散发不同的气味。至于实验的地点，我只能说最阴森的科研地点可能就是位于得克萨斯州亨茨维尔的人体分解研究实验室（Human Decomposition Research Laboratory）了。实验基地占地 7 英亩（1 英亩 ≈ 4046.86 平方米），捐献的遗体被放在不同区域进行腐化。科学家们发现有一种特别的"分解者"细菌，它不仅分布在尸体表面，还存在于尸体下方的土壤中。它们可以提供关于死亡时间的准确信息。还有一个有意思的发现是，尸体下方的土壤其微生物组成和普通土壤的大为不同。这可以被当作某地曾经存在尸体的一项线索，用来证明尸体曾经被移动过，在谋杀案里或许有用。

为了说明这是一个多么热门的研究领域，最后要介绍的是科研人员近来取得的一项突破，即基因表达或可为死亡时间的测定提供高度精确的线索。让人意外的是，即使人已死亡，其部分细胞却仍活着，还在合成蛋白质。它们的部分基因依然处于活跃状态。人们首次观察到这个现象是在小鼠和斑马鱼身上，但类似过程可能也发生在人体内。研究人员从死亡 4 天的小鼠和斑马鱼体内提取大脑和肝脏样本，并检测其中的 mRNA（mRNA 是基因的第一个产物，直接指导蛋白质的合成）水平。

不出所料，整体的 mRNA 水平会随细胞死亡时间的延长而降低。但是，同 548 个斑马鱼基因和 515 个小鼠基因存在关联的 mRNA 在它们死后经历了一个或多个活跃高峰。这表示细胞还有足够能量生产出一部分蛋白质。令人称奇的是，在此之前，这些基因只在胚胎阶段出现过，它们的此番出现就像死后的重生。其中有些基因和人体的生长、修复有关。这看起来像是我们的身体在挑战死亡。它希望回到胎儿时期，重新迎接新生，又或者希望修复损伤，让身体健康如初。

这也有可能是特定细胞的死亡让原本在正常情况下监控这些基因的基因此时停止运转所导致的。但不管是什么原因，这些基因会在特定时间段里被打开和关闭，因此我们可以借助基因表达的变化来精确测定死亡时间，其精确程度甚至可以达到分钟的水平。这里的迷人之处就在于生和死的相遇。

就这样，你的一生从头走到了尾：从记载你出生时间的出生证，到记录你离开那一刻的死亡证，或许它还是精确到分钟的，在这两个时间之间的是你起起落落的百味人生。最终，一切归于黄土，落入虫腹。其中的意义，全凭你怎么看。

第十八章

挑战死亡

一个也许可行的办法是不断将体内没用的器官换成新的。

从另一方面来说，你很有钱，所以不想死。你想一直活下去。生活多么美好，你还有很多事情想去做。你想继续笙歌达旦，但很遗憾，长生不老只是神话。中东地区有一个人称自己是 2000 多年前已死之人的回魂重生。但这看来应该是百年难遇的，所以你只好退而求其次，将自己的身体或大脑冷冻起来，并留下话来告诉后人，等未来哪天你现在的病可以治愈时，再将你解冻。欢迎来到人体冷冻学的世界。所谓人体冷冻学，就是一门研究将人体进行冷冻保存，在未来某个合适的时候再将他们解冻复活的学科。

人体冷冻技术（其英语"cryonics"来自希腊语中的"kryos"，即寒冷）的定义是将目前医疗手段无法挽救的人进行低温保存，希望在未来某天有了治疗方法后

再将其复活的技术。在最近一个知名案例中，英国有一个即将死于癌症的 14 岁女孩请求对自己进行人体冷冻。她的父亲拒绝了，但母亲表示同意，于是这个问题就被带到了可怜的高院法官彼得·杰克逊（Peter Jackson）面前，他将不得不决定这件事该如何解决。他裁定母亲的观点获胜，于是女孩现在正被冷冻在美国的一处设备中。虽然她死了，但她的身体正漂浮在一罐液氮中，等待（虽然人已经死了）在未来或许会到来的新疗法，让她如睡美人般被唤醒，重获新生。只不过唤醒她的不是白马王子，而是美国的人体冷冻研究所（Cryonics Institute）。我倒是好奇在她醒来时，她的周围会不会有科学界的七个小矮人——七个来自不同领域的科学家。女孩自己曾写下这样的话请求法官："我想被冷冻起来，它给了我一个被治愈和重新醒来的机会，即使那天在数百年后才会到来。我不想被埋在地底下。"这个案例是史上第一例人体冷冻的案例，再一次说明了你永远不知道一个法官将面对什么。

你醒来了啊！

　　人体冷冻技术不属于常规医疗操作，医学界对此仍存质疑。因为低温贮藏在目前是不可逆的，而是否存在可逆的那一天，我们也并不知道。但是，这个领域的研究活动非常活跃，有好几个实验室在尝试对不同动物进行冷冻实验，以及更为重要的移植器官实验。如果冷冻移植器官，比如说肾脏成为可能，那么移植手术的成功率或将得到提升。因为通常器官移植产生排异反应是由于器官在体外时间过长已经变质导致的。器官冷冻常用到冷却液，但如果能从还在捐献者体内时就开始冷冻，其解冻后的情况或许会比因连续几小时保持冷冻状态而导致细胞受损的器官的要好一些。

　　在法律上，器官移植程序只有当一个人被证实死亡后才能开始。现在人体冷冻有一套标准的程序。第一个被冷冻保存的人是 1967 年的詹姆斯·贝德福德博士（Dr James Bedford）。从那时起，美国共计约有 250 人进行了人体冷冻，另有 1500 人已立下遗嘱，要求将死后的自己冷冻起来。为了防止人体在死后所产生损伤（如前一章所描述的），冷冻需要在人死后立刻进行。首先是将人放进冰水中降温。有时需要进行心肺复苏（包括对心脏进行电击来让它保持跳动）以抑制大脑损伤。

这个阶段和《弗兰肯斯坦》中的情节没有太大区别，弗兰肯斯坦正是通过电流让本无生气的怪物获得了生命。怪物的脑袋靠螺钉连接在身体上，随着电火花刺啦一声，它发出一阵阵瘆人的号叫，诡异到了极点。这倒不是说这些事情在高科技的冷冻世界里也发生了，但大概是这么个意思。玛丽·雪莱的小说灵感来自意大利人路易吉·伽伐尼（Luigi Galvani）的实验：他通过给死人接通电流让他们的肌肉发生抽搐。

这种事情（让死人的肢体仿佛被施了魔法般抽搐起来）自然让 19 世纪的人们目瞪口呆（因为当时没人知道什么是电）。这事即使在今天也会让人感觉有点奇怪，尽管我们已经知道是电流让神经放电，并进一步导致了肌肉收缩。刚死的肉体，直到肌肉僵直（尸僵）前，都可以出现这种现象。

下一步是抽干身体中的所有液体，替换为以甘油为基础的低温防护剂，低温防护剂可以防止身体因为深度冻结形成冰晶。这一步非常关键，因为冰晶会刺破人体内的脆弱结构，如遍布全身的大量毛细血管。然后这具人体会被装进冰袋里，送到一家人体冷冻机构，机构可能在美国或俄罗斯，取决于买方的支付对象。那个 14

岁女孩的身体被送到了一家美国机构。人体一经运抵冷冻机构，就会被立刻放入一个特殊的超低温睡袋中，并在接下来的几个小时内在氮气的作用下被降温至零下110 ℃。这是一个非常低的温度。

然后在接下来的两周，人体温度将逐步降至零下196 ℃。这已经是彻骨的严寒了。然后瘆人的一幕开始上演。人体悬浮在一个装满液氮的大罐子里，同时轻轻地弹动着，就像软木塞一样。随后它又被转移到"病人护理区"存放，直到机构资金耗尽或能够让病人重获新生的技术被发现的那一天，才会像走出墓地的拉撒路[1]一样得到复活。一个便宜点的选择是神经低温贮藏（neurocryopreservation），也就是只冷冻人的头部。曾有传言称华特·迪士尼（Walt Disney）的头被冻在美国的一个冷冻机构中，这个说法虽然遭到坚决否认，但信的人仍然很多。

读到这，你大概会开始好奇这一切要花多少钱。那个14岁女孩的冷冻术的花费是3.7万英镑，不过这个费用指的是冷冻过程。完整费用包括直到死亡前保持待命状态的医护人员的费用、冷冻术（也被称为"玻璃化"，因为人体会变得像玻璃般易碎）费用，以及为支付接下来的维护费（包括设备成本，为了让一切保持冷冻的电费开销，以及偶尔需要添加的液氮的费用）所设立的信托基金。在美国，具体的费用会根据需求浮动，经济型的收费是2.8万美元，豪华型的则为20万美元。

这个好像比买墓地便宜。

1　圣经中记载的死而复生的人物。

有家公司在一个杜瓦瓶（这是用来保存人体的大罐子的名字）里同时存放几具身体。所有那些"软木塞"一起在里面跳动，至少不会感到寂寞。这是经济型选择，收费只需 1.2 万美元。20 世纪 70 年代时，人体冷冻经历了一次重大的挫折，那时加利福尼亚州的一家冷冻公司由于资金紧张，往容器中塞入过多人体，导致其中两个容器破裂，九具躯体因此变质，情况不太乐观。

如果只冷冻头部，有一家公司的收费是 7.5 万欧元。其中有三分之一支付给待命的医护人员，以及在之后对人体进行头部移除和保存手术服务的医护人员。三分之一投入基金，以备日后的复活手术费用。剩余的交给信托基金，用利息收入支付液氮补充支出。全球的冷冻机构中，美国有三家，俄罗斯有一家。根据裁定 14 岁女孩一案的英国法庭的计算，人体冷冻的总费用是 4.3 万英镑，但是据说这极可能只是冰山一角。

那么问题来了，人体冷冻成功的可能性有多大？关于这一点，研究人员曾在狗和猴子这样大小的动物身上做过实验。他们用抗冻剂替代血液快速灌注动物体内，然后将其冷冻至略低于 0 ℃的低温，据称这些动物后来都成功苏醒了。这大概类似于当有人心脏病发作，奄奄一息之时，我们用心肺复苏挽救他们的生命。一家公司称他们将一只兔子的肾脏冷冻至零下 135 ℃，且后来成功将其激活并完成了移植手术。这为器官移植手术带去了希望。加利福尼亚州一家公司近日公布其研究人员冷冻了一只兔子的大脑，并成功令其还原到接近于完美的状态，也就是说他们有能力恢复脑电活动。那只兔子历经此事后有什么想法我们不得而知，但这个操作无疑为"大脑冷冻"一词赋予了全新的含义。这家公司目前正在进行猪脑试验。

还是有点不适应这具身体呢。

低温贮藏科学（兔子的肾脏和大脑实验实际上就属于这个领域）的名声比人体冷冻技术要好得多。许多实验室会冷冻细胞以备日后实验所需。冻精和冻卵可用于体外受精。曾有观点认为细胞内的水被冻住后，再经过融化会导致细胞破裂，但事实证明并非如此。相反，细胞外的水被冻结，细胞本身则变成被压扁的脱水状态。低温防护剂，比如甘油，可以防止此类事情发生。

但是，要将整个动物解冻复活则要面对更多的难题，而这些难题已经困扰了我们数十年。组织内会形成冰晶，这些冰晶会损伤组织且阻止器官进行正常运作所必需的细胞交流。低温防护剂可以抑制冰晶形成，让组织冷却凝固。这个过程就是玻璃化。问题是大组织会在冷却过程中发生破裂，所以等日后它们被解冻时，重大损伤其实已经发生了：一片大脑或一片肝脏可能会啪嗒一声掉下来。在玻璃化期间，组织死亡是必然会发生的，换句话说，生命永远无法被复活。

另一个问题和大脑相关，大脑的不同部位对冷冻速率的要求不同，如果不加以区别，那损伤必然发生。分部位冷冻，无论是全身冻存还是头部冻存都从未实践过，因此也激起了外界对低温技术的一片质疑声。他们也许能让你的肝脏从液氮杜瓦瓶中的一片冰冻荒原中复活，但无法让大脑获得重生。

研究人员曾让一个在零下 20℃ 冷冻了 30 年的缓步动物（水熊虫）复活。

接下来的问题是复活的工作如何进行。这意味着大量的修复和复原工作。这恐怕要用掉不少面霜和肉毒杆菌毒素。缺氧应该是导致损伤的一大元凶，因此这个问题无论如何都要被逆转。低温防护剂本身就可能带有毒性，器官也许会因此受损，当然，当初导致死亡的罪魁祸首也要解决才行。人们盲目地相信这一切问题一定会在未来得到解决，或者至少人体冷冻卖的就是这种信仰。

有一家公司有一个新奇的卖点，它说人体冷冻技术在进步，我们离复活成功的那一天也越来越近，所以最新被冻存下来的人体将成为最有可能复活成功的。科学家们或许可以从这番话中获得启发，从最早的冷冻人开始研究，虽然难度最大，但提升技能的概率肯定也最高。你会相信这种销售话术吗？什么会让你深信不疑？

为了提高复活成功率，科学家们正在从自然界中找寻可供借鉴的经验。事实证明，这方面的研究正进行得如火如荼。许多物质能在低于 0 ℃的环境中长期生存。它们中的许多都有自己的一套冷藏保存办法，比如特殊的蛋白质、一种叫作"多元醇"（醇类的一种）的化合物，甚至很多葡萄糖也能来搭一把手。植物也特别耐寒。缓步动物是一种极小的微型动物，对极端环境有极强的忍耐能力，包括可以在零下273.15 ℃（接近绝对 0 ℃的气温中）生存。

它们甚至能在太空中生存。有三种细菌被冰封上千年后仍能复苏，它们的学名也都"朗朗上口"，分别是 Carnobacterium pleistocenium、Chryseobacterium greenlandensis 和 Herminiimonas glaciei。赤扁甲虫（red flat bark beetle）经过零下 150 ℃的冷冻后仍然能存活，蕈蚊（Exechia nugatoria）可以在零下 50 ℃的气温中存活，它的妙招就是只在躯体内而不在头部形成冰晶。献身于蕈蚊研究的科学家们值得被大书一笔。

冷冻后重生的动物中有两个大明星。一个是林蛙（Rana sylvatica），冬天来临时，林蛙有 45% 的身体部位会结冰。它的皮肤下方会形成冰晶，并分布在肌肉中。神奇的是，它的心脏会停跳，呼吸会停止，血液也不再流动。在此期间，它会合成特殊的蛋白质和大量葡萄糖来保存身体组织，防止重要的器官被冻住。它能在零下4 ℃的环境里存活 11 天之久，这绝非易事。冷冻生物世界中的另一个大明星是北极地松鼠，它的特别之处在于它是哺乳动物，也就是说它和林蛙不同，属于恒温动物。北极地松鼠能在低至零下 2.9 ℃的温度中连续存活三周，不过在此期间它的头部一直保持在 0 ℃或略微高于 0 ℃的温度中。研究这些动物的科学家们一直希望能从中找到能运用于器官保存或人体冷冻的生物化学窍门。

虽然现在看来距离人体冷冻技术的完全实现还有很长的一段路要走，但并未阻止人们将其列为自己的目标计划。蒂莫西·利瑞（Timothy Leary），这位20世纪60年代反主流文化的标杆人物，曾宣称他死后会进行人体冷冻，但令人失望的是他在临死前改变了主意。我们很乐意看到他在液氮里上蹿下跳的样子，但也许他觉得那样太冷了。拉里·金（Larry King）[2]和布兰妮·斯皮尔斯也都曾表示过对人体冷冻的兴趣，但至于实际情况如何，只有时间能告诉我们。因此，就目前来说，人体冷冻是挑战死亡的一个有限的选择。

那么还有其他选择吗？答案是有的。一个也许可行的办法是不断将体内没用的器官换成新的。过去10年间，正如我们在第十五章看到的，干细胞技术的发展日新月异。它将为许多疑难杂症带去希望，包括用新鲜的成熟神经元修复受损的脊髓。整个过程包括从人体中提取一些细胞，然后通过重新编码，令其重新回到受精卵状态。目前有不少公司正在探索这方面的技术，或者与此类似的技术。这些公司声称他们可以从你体内提取特定的细胞，并保存起来，然后等你老了以后，为你重新定制一个新的肝脏或肾脏。这些器官将是崭新的，可以用以替换你身体中衰老的器官。它们不会遭到你的免疫系统的排斥，因为它们就是你身体的一部分，自然不会被当作外来的异物。所以我们或许能看到这样一幅画面：你在为自己订购零部件，就像那是你的一辆车一样。

2　美国家喻户晓的主持人。

如果我身体里的所有器官都被替换了，那我还是我吗？

　　但是大脑则要棘手得多，因为人们至今还未掌握大脑移植技术，也许永远也无法掌握。但有科学家推测或许有朝一日，我们能将自己的大脑信息上传到一个超级计算机中，由计算机统领身体，负责管理所有那些从实验室里培育出来的新鲜器官，又或者我们可以操纵替身。这听起来太像科幻片里的内容了，对吗？等我们老去时，只要将老旧的器官换成新的，将身体连上一台超级计算机就万事大吉了。我们终于获得永生了！但这样有意思吗？这样是否有活着的感觉？全新的你会不会变成另一个不同的人？这些问题我们现在无法回答，但却引人浮想，或许还能给好莱坞提供一个剧本。但最后，我们终究要面对一个现实，那就是我们无法逃避死亡。即使我们真的那么做了，最终活着的那个人也已然不是我们自己，那是一个有着不同脾气秉性的人，那个人的身体里是另一套器官，它们从未经历过我们经历过的生活。

　　让自己数年如一日地漂在液氮罐子里，或者用着从实验室里长出来的器官，这种未来图景对许多人来说毫无吸引力。也许最好的活法莫过于优雅地老去，在一个可敬的年纪离开，将自己的智慧传给下一代，就像我们在第十六章中看到的那样。毕竟，我们总要给下一代腾地方，给他们施展自己人生抱负的机会。除此之外的一切都是自恋和贪婪。不过又有谁真的想永生呢？除了那个出生在 2000 年前的人……

第十九章

人类会灭绝吗

在那之前，人类十有八九已经进化成一个别的物种，一个我们可能自己都认不出来的物种。

末日将至。在多数主要城市，人们奔走呼号、广发布告，号召众人忏悔己过。地震、飓风频发，圣经预言和领袖声明不绝于耳。人类的末日终将到来，但那是在什么时候？也许是百万年之后，太阳变得越发灼热，或者某种卑劣的细菌将我们彻底摧毁。但有一点可以肯定——终有一天，地球上不再有人类。

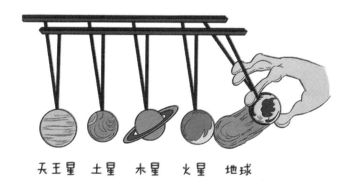

天王星　土星　木星　火星　地球

地球上的生命其实非常脆弱。它在历史上至少经历过五次大灭绝。气候变化，陨石撞击，来自遥远星球的伽马射线爆发，都足以将地球上的生命推向生死边缘。科学家们将这些事件称为"灭绝事件"，又叫"大灭绝"或"生物危机"。"生物"是生命的另一种说法。灭绝事件指的是让地球上的生命的多样性或丰富性发生剧烈且相对急促变化的事件。那么在地球历史上都发生过什么样的灭绝事件呢？

第一次大灭绝发生在约 24.5 亿年前。起因是大气中氧气积聚，因此这一次大灭绝被称为"大氧化事件"。氧其实是一种毒性较高的分子，能与其他化学物质发生反应，有很强的氧化性。铁就是一个很好的例子，铁遇氧后生锈，稳定性降低。氧化通常意味着损耗。生物分子，如 DNA 和蛋白质，极易被氧化，因此我们的细胞进化出了各种抵御氧气腐蚀的办法。我们利用氧气分解食物，便是一种将氧气控制起来的手段。我们的细胞中也有大量的被称为"抗氧化剂"的分子，能够对氧气进行有效抵御。

那么氧气为什么会突然开始积聚呢？这是因为一种叫"蓝细菌"[1]的生物要了一个神奇的戏法，而这大概是整个生物世界里最了不起的戏法了。它们可以利用阳光中的能量，将空气中的二氧化碳与水进行结合，然后自我繁殖，合成糖类。蓝细菌的进化意味着地球上的生命从此接上了宇宙这个大电源。想象一下，空气和水结合制造出植物（蓝细菌属于植物）。这个过程被称为"光合作用"，光合作用的一个副产品就是氧气。

正常情况下，氧气会被铁或其他溶解性化学物质所捕获，但随着这些物质的逐渐饱和，氧气便被释放到了大气中。这可以在那个时期的岩石中检测到。氧气对当时的其他生物来说无疑是毒气，导致了大批物种走向灭绝。蓝细菌自身则进化出保护性措施，而其他被称为"需氧菌"的生物也能利用氧气，或许是因为氧化作用有利于它们更高效地利用食物。

于是，地球上的生命幸存了下来，但形式已经有别于从前。生命开始在这个全新的富氧环境下进化。这有点像在一场派对上，有人将音响声音调得震天响，于是大批人选择离开，而那些戴着耳塞的人留了下来，繁衍生息，创造出更多戴着耳塞的人。在这个比喻中，震天响的音乐就是氧气。

1　旧名为"蓝藻"。

　　这些事件在地球上生命的进化中扮演着关键角色。正如我们在第一章中说到过的，一些需氧菌进入厌氧菌（无法利用氧气的细菌）内部，形成一种特殊的共生关系，这个现象被我们称为"内共生"。内共生理论的杰出贡献者是美国生物学家林恩·马古利斯（Lynn Margulis）。这些需氧菌此后就成了我们今天所熟知的线粒体。我们细胞中的大多数氧气消耗活动都发生在线粒体中，线粒体利用氧气分解食物，制造能量分子ATP。这些线粒体就是早期能够进行有氧代谢的需氧菌在今天的遗物。

　　光是想想都令人毛骨悚然：你体内的每一个细胞都有一个细菌后代潜伏在其中，消耗着氧气。在此后的某个时期，蓝细菌也进入这种有需氧菌的新细胞中，进而形成我们现在所说的"叶绿体"。叶绿体是构成植物必不可少的条件。所以，氧气的增加既导致了地球上的第一次大灭绝，同时也在驱动着植物和动物细胞的进化，此后所有的植物细胞都拥有了叶绿体和线粒体，所有的动物细胞也都有了线粒体。可以说这是对地球上的生命的一次几乎彻底的摧毁，从而酝酿出了新的进化形态，为"我们"的诞生创造了可能。

　　它的重要性就在于它赋予生物利用氧气制造能量分子ATP的能力。ATP的合成在线粒体中进行，整个过程非常高效，为多细胞生物的进化供应不竭的动力。为了进化，一个有着大量不同类型细胞的生物体必然需要一种高效合成ATP的办法，而这正是线粒体的作用。最终，那些多细胞生物进化成了我们。正如尼克·莱恩（Nick Lane）在《生命之源》（The Vital Question）中说的："在达尔文时期，能量在进化中的作用被忽视的时间太长了。"

第二次大灭绝发生在距今 4.5 亿 ~5.5 亿年之间。它在英语中有一个顺口的名字——Ordovician-Silurian extinction event，即奥陶纪大灭绝，导致地球 70% 的生命灭绝了。接下来是泥盆纪晚期灭绝事件，发生在距今 3.6 亿 ~3.75 亿年间，同样导致地球 70% 的生命绝迹。这次的灭绝似乎持续了 2000 万年之久，在此期间地球历经了数次所谓的"灭绝高峰"（extinction pulses）。之后的那场二叠纪 – 三叠纪灭绝事件，在所有的灭绝事件中也是一个狠角色，造成了 96% 的海洋生物和 70% 的陆地动物绝迹，其中包括大部分的昆虫。昆虫尤其值得一提，因为在我们看来，昆虫的生命力极其顽强，一个众所周知的预言是它们甚至有能力在核灾难中存活，但是二叠纪 – 三叠纪灭绝事件几乎让它们走向覆灭。

然后，在 2.01 亿年前，三叠纪 – 侏罗纪灭绝事件发生，导致 75% 的物种消亡，其中包括很多两栖动物。普遍的观点认为由于竞争的减少，这次灭绝事件为恐龙的进化扫清了障碍。于是恐龙时代就此开启。可是大地母亲和恐龙也不相适应，6600 万年前，恐龙也被一举歼灭了，这肯定是它们太过嚣张的缘故。这就是白垩纪 – 第三纪灭绝事件，造成约 75% 的物种覆灭。所有长得不像鸟的恐龙都灭绝了（我们今天看到的鸟都是恐龙的后代），障碍再次被扫除，哺乳动物和鸟类得以进化。这就好比如果你在密林中辟出一片空地，那么这块空地上日后一定会长出新的植物。

综上所述，大量的灭绝事件在不断地发生。随之而来的重要后果就是一个物种的灾难将是另一个物种的机会。举例来说，如果没有氧气的堆积，就不会有我们的进化；如果没有恐龙的灭绝，那么日后的我们就无法在拥挤的丛林里大展拳脚。

大氧化事件的起因再明了不过了，它是由有光合作用能力的生命体的进化导致的氧气积聚。那么其他灭绝事件的原因呢？让恐龙灭绝的那一次事件广为人知。现在人们普遍认为那是一颗巨大的小行星撞击地球导致的，撞击点位于墨西哥的尤卡坦半岛海岸不远处。证据是当地有一个巨大的陨石坑，而世界各地在对应时期地层中发现的铱的含量远多于其他时期地层的。这是小行星撞击扬起的尘土落回到地球上时形成的。撞击产生的尘埃（同时来自小行星和地球）如此之多，以至于遮天蔽日，就像有人熄灭了地球的灯一样。

许多植物无法再进行光合作用，并因此死去，食物链也因此断裂。此外有观点推测，由于同时期富硫岩石炸裂，含有这些有毒酸性物质的雨水落下，进一步导致食物链被破坏。所以那时候的地球实际上一片漆黑，酸雨不停，许多植物无法生存。显然，体型庞大的恐龙首当其冲，受到了严重的影响。我们的祖先（一种身形娇小，长得像鼩鼱一样的生物）依靠残余食物勉强存活了下来。但在恐龙时代，人类还没出现，电影和卡通里描绘的并不是事实。

人们普遍认为，奥陶纪和泥盆纪晚期这两次灭绝事件的原因在于全球变冷。气候变冷的后果是水全冻成了冰，大地干涸。植物因为严寒和干旱而死去，食物链再一次遭到了破坏。而二叠纪的灭绝事件则被认为是截然相反的全球变暖导致的。全球变暖也是今天困扰着我们的问题，但在二叠纪时代，它是毁灭性的。地球变得又热又湿，许多植物因为无法适应如此温暖的气候，再次遭到灭顶之灾。

全球变暖的另一个后果是释放温室气体甲烷。这种气体本来被困在一种叫作"包合物"的化学物质中。一旦地球气温上升，这些包合物就会释放出甲烷，导致地球气温进一步升高。这就是可燃冰喷射假说（clathrate gun hypothesis），因为甲烷的逸出一旦发生，就犹如一把连续发射子弹的枪。尽管引发全球变冷或变暖的原因我们还不完全清楚，但它们大概和太阳能量的变化脱不了干系。太阳能量一直处于波动状态，地球上的生命高度依赖于太阳，所以太阳的变化会引起地球上的一次大灭绝也就不足为奇了。这形成了一种前馈环路，但当状态达到某种意义上的最大值时就会开始回落，让一切重归正常。

其他事件也被认为对其中的某几次生物大灭绝起到了推波助澜的作用。在泥盆纪晚期灭绝事件中，或许也发生过海水翻转现象。典型的海水翻转发生在温盐环流受到干扰的时候。这类环流是靠高盐度的深水驱动的，因为这部分海水不容易蒸发。如果翻转发生，那么温盐环流将停止，更重要的是，原来海底的缺氧海水将移动到海洋上层，会使大量生命陷入窒息。当过量淡水涌入大海时（如冰川消融时），就会发生环流干扰。举例来说，墨西哥湾暖流就是一种受温盐环流驱使的洋流，如果它发生翻转，那么将导致爱尔兰气候剧变，因为这里的温和气候（意味着永远下不完的小雨）实际上是墨西哥湾暖流调控的结果。这里的植物和动物在如此气候下繁衍生息，所以如果湾流消失，爱尔兰的土地上也必将迎来一次生物灭绝事件。

蓝细菌进化出的光合作用导致氧气积聚，大量地球生命因无法适应而走向灭绝。

如果地球附近的一颗新星或超新星爆发（这是它们爱干的事），它产生的伽马射线将是毁灭性的。如果爆发的是一颗距离地球 6000 光年（从宇宙的尺度来看，这并不是那么遥远，尽管听起来很遥远）的新星，它将毁掉地球的臭氧层，让地球暴露在紫外线的辐射中。这对地球上的生命来说是致命的。超新星爆发被认为是引发奥陶纪灭绝事件的原因之一。遥远星球的一次撞击或许就能让地球上 70% 的生命消失，包括我们人类。不过，那个场面应该还挺壮观的。

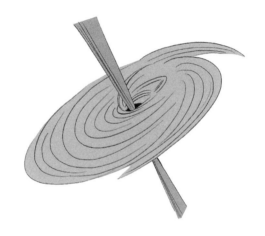

所以小行星、伽马射线的爆发，地球过热或过冷，海洋的颠倒翻覆都曾经几乎让地球上的生命绝迹。这不禁让人好奇，这些事件再次发生的可能性有多大？小行星撞击地球或伽马射线爆发的可能性微乎其微。它们是亿万年一遇的偶然事件，但是你永远不知道下一秒会发生什么。

终有一天，随着太阳的温度不断升高、体积不断膨胀，再加上大气中二氧化碳浓度的降低，地球有史以来最严重的一次大灭绝事件会到来，那将是所有生命的末日。不断膨胀的太阳（那将发生在数百万年之后了）将使海洋完全蒸发，受风化作用影响，岩石加速分解崩碎（同时岩石的风化也在消耗二氧化碳），于是以水和二氧化碳为生的地球植物将无以为继，走向凋亡。而光合植物一旦消失，就意味着所有的（依赖植物获取氧气的）有氧生物也将死去，剩下来的将是地球上最早出现的细胞祖先——厌氧菌。不过它们也难逃一死，因为太阳正在不断释放高温，地球上的一切活物都会被烤熟。生命的旅程就这样走到了终结，从 42 亿年前的第一个细胞开始，经历千难万险，进化出包括我们在内的数不胜数、纷繁多样的物种，最后终究还是回到原点——一个单细胞的厌氧原核生物，而这个原核生物也终将死去。这着实有趣，不是吗？

不过这些应该都是未来的事了。在那之前，人类十有八九已经进化成为一个别的物种，一个我们可能自己都认不出来的物种。有预言说未来人类很可能肌肉更少（因为所有重活都有机器代劳），视力减退（因为视觉辅助设备将得到广泛使用），毛发也更稀疏。也许我们的基因会在其他物种身上得到传承，就像尼安德特人的部分基因在我们身上延续一样。我们的基因最终可能会落到某种奇怪的人类和计算机的混血儿——一种半机械人身上，他们兴许还住在另一个星球上。

还有一种可能，我们不是因小行星撞击或太阳而死的，而更可能是被近在眼前的东西消灭的。这就是所谓的人为灭绝，即因人类而起的灭绝事件。这都包括哪些风险呢？核毁灭是那把永远存在的悬顶之剑。一场猜想中的第三次世界大战会将我们全都置于死地。当然了，我们是不会蠢到那个地步的。对吗？

相较而言，暴发某种全球性瘟疫的可能性要更大一些（但还是不太可能），这种瘟疫可能是由某种病毒，甚至是某种对抗生素产生耐药性的细菌引起的。这在历史上曾经发生过，1918 年西班牙流感导致死亡的人数比第一次世界大战还多。致命的传染病，如果只感染人类，那么它终将过去，远离人群的那部分人口将会安然无恙。但是，如果其他物种也受到感染，那即使是偏远的人口也难逃一劫。少子化倾向带来的人口数量减少是另一种可能性，有科学家预言到 3000 年，人类就会因少子化趋势而灭绝。但这看来不太可能发生，因为总会有反潮流的人喜欢生育很多的孩子。

人类对自己栖息地酿成的灾祸同样也可能累及自身。大气中的温室气体不仅会引发全球变暖，同时也会通过呼吸损害我们的健康。如果问题继续发酵下去，那么全球人口数量或许会因此减少。不过在那之前人口过剩会首先成为一个问题。人类的繁殖扩张速度没有其他大型脊椎动物可以比拟。1800 年，全球人口数量为 10 亿，如今人口已超过 70 亿，而且这个数字仍在不断增长。根据瑞典著名的统计学家汉斯·罗斯林（Hans Rosling）的预测，全球人口将在飙至 120 亿的峰值后开始衰退，一来是因为资源不足，二来也可能是因为出生率降低所带来的自我修正。

在这些可能性之外，还有来自科幻世界的假象。有人恐惧人类会创造出一个超智能物种（或以数千纳米机器人形式存在的实体），他们会接管地球，最后歼灭人类。也有人恐惧人类会在高能物理实验过程中制造出"微型黑洞"，将地球彻底吞噬。实际上这是源于对大型强子对撞机的担忧，人们尤其害怕以接近光速的速度相撞的质子会形成一个黑洞，虽然事实上这并没有发生。

这些不安情绪在美国催生了一门大生意。不少人在为即将到来的世纪之灾做准备。近来的地震和极端天气让人们绷紧了神经，他们纷纷开始储存冻干食品、防毒面具和其他各种生存装备。你可以花 500 美元买一套核生化防护服（穿上它，你就可以躲过所有生化武器、放射性物质和核武器的攻击），再花 200 美元买一个防毒面罩。我好奇这些人是否想过世纪大灾难过后的世界将会是什么样子？我猜肯定不是什么好样子。

那我们该怎么办呢？其实，作为一个物种，灭绝对我们来说太过遥远，到那时我们已经不再是智人，而是一个别的什么物种了。所以大可不必杞人忧天。

我们应该担心的绝对不是我们自己。科学家们认为我们正处于第六次大灭绝事件中，这次事件被命名为"全新世灭绝事件"。而始作俑者，正是我们自己。自1900年起，地球上动植物的灭绝速度是自然灭绝率的一千倍。这真是一个惊人的数字。事实上导致众多动植物走向灭亡的正是人类活动。

除人类活动引起的气候变化外，我们也从未停止过度捕猎和捕捞，甚至引入入侵物种，致使自然栖息地遭到重创和毁坏，正是这些事情酿成了屠杀惨剧。我们熟悉的例子之一是渡渡鸟，是我们将它们逼到了绝境。还有大角鹿和猛犸象，它们的灭绝很可能是人类的过度捕猎导致的。曾经在地球上生存过的动物中，有一半现在已经灭绝了。也许旧物种的消失会迎来新物种的出现，但这也无法抹掉我们赶尽杀绝的事实。

从 DNA 的角度来说，这些小伙伴是我们的表亲，我们难道不应该让它们好好活着，让它们得到应有的进化繁衍的机会吗？而且地球生命网的错综复杂意味着它一旦被破坏，一系列的后果将接踵而至，说不定下一个就轮到我们自己了。而这一切都是因我们的虚荣和无能而起的。所以，我们不应感到害怕，而应感到羞愧。

第二十章

明天只会更好

一切都在**随机**发生着，
我们**出现了：**一种
没毛的两足动物。

未来的智人会是什么样子？如果我们不听那些"只剩半瓶水"的人、爱说风凉话的人、悲观主义者和消极人士的言论，那么所有的科学和技术都在不断地为人类创造一个更美好的世界。虽然放眼望去，世界还存在战争、饥饿和犯罪，但自从人类社会出现以来，至少从农业被发明出来开始，人类现在的生活是有史以来最好的。有大量证据表明，农业发展实际上是造成这世上许多悲剧和不公平的源头。农民被迫在统治者的威权下劳作，成为他们的奴隶和附庸。农业的出现导致了社会不平等，造成了人口过密，而密集的人口又反过来致使传染病肆虐。

人类历史上的大多数时候都是一小部分的人掌握着大部分的财富，这一小部分人建立统治体系，将农民置于控制之下。偶尔的起义事件会让这个社会的统治根基在一段时期内不平稳，但人类最终总会回归到相对平等的状态中来。但今天，或许我们正跨入一个真正的美丽新世界，随着科技的发展，终有一天，在这个世界我们能够重获自由。

　　我这是在异想天开吗？这个世界难道应该为我们提供舒适的生活吗？难道世界上不是总会有些不幸的人，要么是在错误的时间里带着错误的基因出生在错误的地方，要么就是因为不走运导致自己过得比别人差？不，不是这样的。人类作为一个整体，正在朝更好的方向前进。尤其是在第二次世界大战结束后，世界上的贫困人口锐减，幼儿死亡数量大幅下降，民主范围前所未有地扩大，教育也更普及，战争导致的死亡也在减少。这是从全球角度出发，将整个世界的人作为一个整体看待所得到的结论。在个别地区，罪恶仍在发生，主要是因为一些"浑蛋"在掌握特权，但如果以全球论，世界在变好，而且只会越来越好。

　　首先我们来看看贫困。极端贫困的定义是每日所得不超过 1.9 美元。贫困标准的制定也将非货币性收入纳入考量，同时会因不同国家的不同物价水平和不同时期的通货膨胀水平进行调整。如果我们回到 19 世纪 20 年代会发现只有一小撮人的生活水平能达到高水准。他们都是些住在城堡里、受军队保护的人。剩下来的绝大多数人则生活在极端贫困中，勉强糊口，朝不虑夕，在营养不良和传染病中死去。

　　从 1820 年开始，极端贫困人口的比例在稳步下降。1950 年，全世界的极端贫困人口比例为 75%。1981 年这个比例是 44%。目前的最新数据显示低于 10%。考虑到人口的增长速度，这意味着还有大量的人在温饱线上挣扎，但占比的确已经大幅下降。贫困状况为什么在改善？因为工业化。工业化推动了生产力的提高，人们从财富增长中获得的份额更大了。而技术的打造者，即机器制造者，则更是赚得盆满钵满，化身超级富豪。

水涨船高，人们的生产效率越高，收入也就越高。这或许是人类历史上最伟大的进步。地球上90%的人不再生活在贫困线之下。更值得称颂的是，在过去200年间，地球人口增长了七倍。但尽管如此，我们还是帮越来越多的人摆脱了贫困。生产力提高意味着更多的商品和服务、更可口的食物、更精致的衣服、更舒适的居住环境和卫生条件，甚至是更好的医疗条件和发展前景。忙于糊口的农民是没有多余的时间给他们的孩子带去除耕作以外的知识的，所以同样在改善的还有教育环境。

于是这就引出取得巨大进步的第二个方面：读写能力。在过去，只有一小部分人能读书写字。1500年前，这部分人多是需要阅读圣经的神职人员（英语为clergy，后来的"clerk"，即"职员"便由此而来）和为国王效劳的市政官员——主要是税收官。阅读在当时被看作一件奇怪的事。创作了《凯尔经》的爱尔兰僧侣视写作为一种神圣的行为。写下一段祷文或耶稣的故事被视为一项壮举，因为它们将影响人的思想。无所事事的富人也能读书识字。他们边在希腊的城邦里游荡，边陷入深远的思绪中。1820年，只有十分之一的人具备读写能力。1930年，这个数字是三分之一，而到了今天，世界上85%的人都能读会写。还是那句话，这是一项创举。如果你还年轻的话，那你的同龄人的识字率大概会高于85%，因为大多不会读写的人现在都已进入老年。换言之，1800年，世界上有1.2亿人能读会写。今天约为62亿人。可悲的是他们全都沉溺在社交网站上。

和健康相关的统计数据也十分惊人。1800年，43%的新生儿在5岁前死亡。试想一下，如果一位母亲有两个宝宝，其中一个就很可能在5岁前夭折。这看起来是一种极大的损耗，但从生物学的角度看，简直不值一提——只要有孩子能存活下来，人类就能继续繁衍。1915年，人类的平均期望寿命是35岁。人只要活到40岁就算是一位智慧的长者。不要忘了，《尤利西斯》中的男主角利奥波德·布卢姆（Leopold Bloom）38岁，他的妻子莫利（Molly）33岁，他们都认为自己已是人到中年了。现在，爱尔兰的男性平均期望寿命是78.3岁，女性为82.7岁。

这不仅仅是药物研发的功劳。另一个重要的因素是居住环境和卫生条件的改善。糟糕的卫生环境会带来更多的传染病。传染病在最开始就是从我们由游牧民族转变为定居的农耕民族，并将废弃物留在自己周围环境中时开始的。更好的居住和卫生环境能帮助我们抵御病原体，让曾经人类社会的主要死因——传染病不再肆虐。

印刷术的发明让知识的传播和学习得到了极大发展。

更好的食物也使我们的免疫系统变得更强大，进而更有效地抗击感染。当然，这也少不了科学和医学的进步。因为生产力的提高、教育体系的更加完善，科学研究得以成为一种职业。受过良好教育的科学家因此得以取得科学突破。其中重要的突破之一或许是罗伯特·科赫（Robert Koch）等人提出的细菌致病论。小小的细菌竟然能引发像肺结核这样能摧毁肺部的疾病，这个想法在当时的人们看来很是荒谬。但这个理论告诉我们，一个简单的动作，比如只要刚解剖完尸体的医生在接下来给孕妇接生前洗个手，一切就会变得不一样。造成新生儿死亡的一大原因就是医生的脏手。

细菌致病论是发现抗生素和疫苗的基础。这又让公共卫生（关于公众健康问题的监控和治疗）成为新的关注点。其中疫苗变得尤为重要，如果每一个人都能接种疫苗，那么其他所有人都会跟着受益。这就是所谓的群体免疫。一个群体只要达到特定比例的疫苗接种率，疾病就难以传播。当病菌无法找到足够多的宿主藏身时，便会死去。

2015 年全世界的幼儿死亡率低至 4.3%，这是 200 年前的 10 倍。正如我们在第十四章中看到的，疫苗对人类健康做出过重大贡献。脊髓灰质炎几乎已经从地球上消失了。黑暗时代的悲剧根源——天花，现在已经完全消失了。在全球疫苗接种计划出现以前，美国每年的麻疹发病人数是 400 万人。随着 1963 年麻疹疫苗的问世，麻疹几乎已经绝迹，举例来说，2014 年全年此病的报告病例仅为 667 例。还是那句话，这是一个相当了不起的成就。

第二伟大的贡献是抗生素。如果没有抗生素，如今的人们就将一直生活在传染病带来的死亡阴影之下，患传染病将仍旧是最普遍的死因（目前较普遍的死因是患癌症和心脏病）。离开抗生素，手术就无法进行，因为伤口感染将是致命的。这就是我们如此害怕细菌对抗生素产生耐药性的原因。如果细菌进化出对抗生素的抵抗力，正如现在正在发生的，那么这个世界会变成一个完全不同的世界，人类健康所取得的成就将被抹灭，人类将重回抗生素产生前的年代。我们要祈祷我们的聪明才智可以战胜那些病菌，否则我们将会死在它们手下。我能听见它们的声音，它们现在正嘲笑我们呢。

新生儿出生率和总体人口死亡率的降低，以及贫困人口的减少，是人口增长的主要原因。中国曾经面临人口过剩问题，因此施行了计划生育政策。这是将过快的人口增长速度限制在可控范围内的一种尝试，当然政策在实施过程中也的确遇到不少问题。但生育率的提高同时也反映出这个国家整体生活和健康水平的提高。这已经不仅仅是中国，也是全世界的发展趋势。据粗略估计，前现代时期（工业革命前）的生育率非常高，平均每位女性生育 5~6 名子女。

那时候之所以没有出现人口的爆发式增长，是因为新生儿和幼童的死亡率也居高不下。人口增长包括两方面：一是高出生率，二是低死亡率。新生儿低死亡率带来的一个奇怪且反直觉的后果是出生率也在降低。似乎一旦女性意识到孩子的死亡概率在降低，就会选择生育更少的孩子。这在过去 200 年间已经在一个又一个的国家中得到验证。

结果人口增长速度放慢，在全世界变得越来越普遍。这被称为"人口转变"。这里的数字很有趣。在率先实现工业化的国家中（比如英国），它们花了 95 年的时间将出生率从每位女性生育 6 名子女降低到每位女性生育 3 名子女。其他工业化起步越晚的国家，它们的人口转变越快。韩国完成从每位母亲生育 6 名子女到每位母亲生育少于 3 名子女的转变，只用了 18 年。伊朗的转变速度更快，人口转变只用了 10 年。但总体而言，全球人口数量在 20 世纪增长了 4 倍。

但在 21 世纪，人口增长速度将显著放缓。到 2100 年，人口总数若能较世纪初翻倍就已经是一个令人瞩目的数字了。目前据专家预测，地球人口将在 2075 年前后停止增长且开始下滑。当未来女性认为在一个人口稀少的世界里生育更多的孩子是一个明智的决定时，下滑趋势或许可以被逆转。不过有一个事实非常清晰，那就是受教育程度越高的女性，生育的子女越少。如此看来，教育似乎有助于开阔视野，降低出生率。原因或许在于教育延迟了女性的生育年龄，而有些女性将生育计划延后得太晚以至于生育能力下降。但无论你怎么看，女性至少从没完没了的生孩子中解放了出来，也不再需要眼睁睁地看着自己一半的孩子死去。这是一个实实在在的进步。

教育当然是所有这些进步的关键推动因素。教育的前景一目了然。今天一位受过教育的年轻女性，到了 2080 年将成为一位受过教育的老太太。今天的中学生将在不久后成为大学生。教育是自给自足的，好消息是教育在世界范围内正得到全面普及。教育训练孩子的思维，使他们能够发现自己的长处，并在长大后以自我实现的方式改变世界。花在教育上的钱绝不会被浪费。

马拉拉·尤萨夫扎伊（Malala Yousafzai）是一位教育倡导者。受教育在过去一直是有钱男人的特权。今天，85% 的世界人口得以接受教育，其中受教育的女性人数更是取得重大突破。

据预测，截至 2100 年全球有 70 亿人至少能接受到中学教育。这对研究行星地球来说将是一项巨大的成就。数百年来，教育的价值已经被普遍认可。正如宇航员约翰·格伦（John Glenn）所说："美国人在这片国土上，无论去哪儿，到当地做的第一件事就是开办学校，招聘老师，让孩子们上学。"没有教育，就不会有为社会带来改变的科学家、工程师、商人和医生。教育带领我们走向正途并改善了我们的生活。这也是教师如此重要的原因——他们是为学生推开那扇神秘之门的人。教育能够解放天性，释放能量。所以老师们请昂首挺胸地站出来，你们是最重要的人！

由此，我们迎来了最后一项令人瞩目的成就，那就是和平（而非战争）。我曾经遇到过一位教育学家，她对我说，大学教育的目的之一是使人明智。让人与人之间能够争辩是阻止战争发生的重要一步。对比过去，现在更多的人生活在和平之中。我们真的做到了"给和平一个机会"[1]。

20世纪80年代，专门研究战争（与和平）进程的军事专家注意到一件惊人的事。一直以来最大的死亡原因（除传染病外）——国家之间的战争，现在实际上已经停止。当然，武力恐吓还时有发生（比如苏联和美国之间的古巴导弹危机），核威胁始终存在，但是大范围的军事冲突已经有相当长一段时间没有爆发了。这段时间已经持续超过40年，我们已经进入了一段所谓的"长期和平"的时期。人均死亡率（这是战争研究中使用的一个关键的量化指标）在"二战"时期达到峰值，到朝鲜战争时已下降了1000个百分点有余，此后下跌的幅度更为惊人，如今比朝鲜战争时期又下降了1000个百分点。种族屠杀和其他大规模杀戮的伤亡数据也呈现断崖式下跌。当然，当听到大规模杀戮这样的词的时候，我们就已经闻风丧胆。这样的事情依旧存在，但已经要比从前少得多了，希望这样的下降趋势能一直持续下去。

所以作为一个物种，我们中的大多数人都过着比以往任何时候都要幸福的生活。我们活得更久了，也更健康了。越来越多的人有机会接受良好的教育。不再会有莫

1　《给和平一个机会》（*Give Peace a Chance*）是约翰·列侬在1969年创作的针对越南战争的和平反战歌曲。

名其妙的战争发生，我们也不会再被卷入这样不必要的战争中。所以为什么看着眼前这确凿如山的证据，而大多数人依然认为这个世界正变得越来越糟呢？近来调查显示只有10%的瑞典人认为明天会更好。而在美国，这个比例是6%，在德国只有4%。

心理学家称这种现象为"认知失调"，即你眼睛看到的现实（比如电视中报道的一则死亡案例）和真实数据（比如你周围的人都还活得好好的）不符。大多数人会通过社交网站看世界。他们只要看到暴力没有消失、爆炸和战争仍然在继续，就会对未来有一个悲观的预期，而忽略了绝大多数人并不受这些事件影响的客观事实。问题是没人会去报道和平。在北爱尔兰冲突（the Troubles）期间，受比尔·克林顿（Bill Clinton）任命担任北爱尔兰特使的乔治·米切尔（George Mitchell）说，他希望有朝一日，斯托蒙特[2]的议会上争辩的是关于绵羊的配额问题，但没人会去报道绵羊问题。他们要的是花最少的钱博得最大的关注。

这大概是一种安全机制。为了自我保护，我们倾向于站在更悲观的立场上居安思危、未雨绸缪，做好最坏的打算。因此只有收集好数据（一切科学论证过程中的重要一环），进行系统分析和提炼，我们才有可能看到一幅完整准确的图景。

我们的生命开始于42亿年前的一个单细胞。从那一刻起，物种开始按达尔文的自然法则进行生存演化。生命于是演变为一场战斗。细胞和有机体为了进化，争相夺取生存资源。一切都在随机发生着，于是出现了一种没毛的两足动物。在百万分之一甚至更小的概率下，人类应运而生。一切本可能大不一样：我们的祖先有可能在某一次大灭绝事件中绝迹。恐龙也许可以生存下来，继续统治丛林，让我们无处藏身。

人类是充满好奇心的物种，所以我们发现了各种各样新奇有趣的事物。但在很长的一段时间里，生活对绝大多数人来说是残酷的。贫穷、早夭、压迫、战争，所有这些磨难，因为一些无法被解释的原因加在我们身上。然后，事情开始有了好转。受过教育的科学家和工程师们前来贡献一臂之力。工程师提出环境卫生规划方案，科学家发现抗击病菌的药物。一切都在改善，社会的发展轨迹在不断地喊着："向前！向前！向前！"继续改善的还有什么？会有越来越多的人摆脱贫困，挣脱贫困

2　北爱尔兰议会大厦所在地。

线吗？我们是否能预防或治愈现在仍在困扰着我们的疾病，尤其是在发展中国家？世界是否会变得更平等？机器人和人工智能是否会让我们的生活发生翻天覆地的变化？没有任何物种会像人类这样试图去控制自然。只要我们停止现在这种浪费水资源或食物供应的胡作非为，停止破坏环境，就会越来越好的。

关于所有以人类之名、以下一代之名发展起来的科学技术，地球上每一个人都有权利享受它们带来的好处。科技源于好奇心，是为了让一切更美好，不管实现它的方式是通过启蒙教化，还是为了唾手可得的便利。科技是为了提高人们的生活质量。科学家继续大胆探索着前人从未到达过的领域。愿我的人类同胞，生生不息，繁荣昌盛！

愿我的人类同胞，生生不息，繁荣昌盛！